권오상의
워코노미
WARCONOMY

KODEF
안보총서
104

권오상의
워코노미
WARCONOMY

★ 전사를 통해 본 전쟁과 경제의 관계 ★

권오상 지음

플래닛미디어
Planet Media

사랑하고 존경하는 장인어른과 장모님께
이 책을 바칩니다.

"역사는 똑같이 반복되지 않습니다. 다만 각운을 이루지요.History doesn't repeat itself but it does rhymes."

이는 작가 마크 트웨인Mark Twain이 한 말로 알려져 있습니다. 그러나 실제로 찾아보면 했다는 증거는 없습니다. 그래도 트웨인이라면 충분히 했을 법합니다.

서구에서, 특히 군부의 시각은 전쟁을 국가 간에 정규군이 벌이는 대결로 인식합니다. 제국주의의 과거가 있는 그들에게는 어쩌면 지극히 자연스러운 인식일지도 모르겠습니다. 어떠한 정치적 수사를 내세울지언정 경제적 탐욕은 제국이 전쟁을 일으키는 중요한 동기입니다. 권력을 소수의 특권층 손에 쥐게 내버려두면 필연적으로 벌어지는 일입니다. 오늘날 황제라는 칭호는 사라졌을지 몰라도 제국주의의 작동방식은 여전한 듯합니다. 전쟁과 경제를 분리해서 생각하기보다는 연결된 총체로서 바라봐야 하는 이유입니다.

전쟁과 경제는 서로간에 긴밀한 영향을 주고받습니다. 전쟁은 단기적으로 경제에 도움이 되는 경우가 있기는 하지만 장기적으로는 경제를 망가뜨립니다. 항구적인 전쟁을 목적으로 조직된 이른바 전쟁경제는 지속될 수는 있을지언정 모든 사람들에게 불필요한 고통을 안겨줍니다.

또한 경제는 전쟁수행의 경계조건을 일부 구성합니다. 경제가 뒤받침하지 못하면 공세적인 전쟁의 지속은 불가능해집니다. 반면 경제적 열세에도 불구하고 방어적 전쟁에서 승리한 경우를 역사에서 찾기란 어렵지 않습니다. 경제만으로 세상의 모든 문제를 풀 수 있다는 생각은 순진하다 못해 위험합니다.

늘 그래왔듯 요즘 우리를 둘러싼 국제정치 환경은 어지럽기만 합니다. 과거 전쟁의 모습이 오늘날 그대로 반복되지는 않을 겁니다. 다만, 조를 바꿔 연주되는 변주가 이뤄지겠지요. 이 책에 나온 역사적 전쟁의 사례들을 똑같이 반복되지는 않겠지만 변주가 어떻게 이뤄질지에 대한 우의, 즉 알레고리로 보셔도 좋겠습니다.

이 책에 실린 글의 상당수는 2019년 3월부터 1년 동안 《한국일보》에 격주로 연재한 기획 원고에서 가져왔습니다. 저에게는 군사 분야 네 번째 단행본인 이 책에 당시 기고한 적이 없는 새로운 원고도 적지 않게 추가했습니다. 전쟁과 경제에 관한 다양한 시각을 역사적인 전쟁과 전투에 빗대어 접할 입문서로서 이 책이 자리매김하게 되기를 기대해봅니다.

2020년 4월
자택 서재에서
권오상

CONTENTS

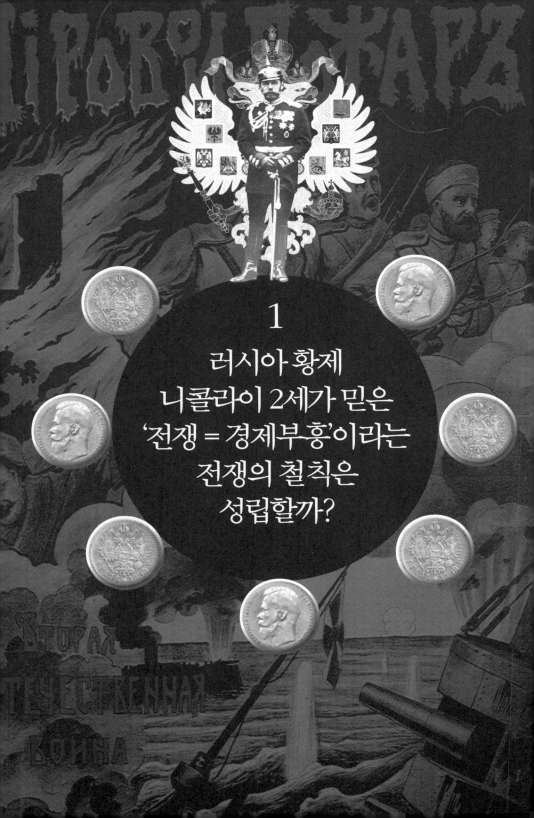

1
러시아 황제
니콜라이 2세가 믿은
'전쟁 = 경제부흥'이라는
전쟁의 철칙은
성립할까?

애칭을 부르던 황제들이 맞붙다

1914년 8월 1일, 독일은 전쟁 개시를 러시아에 공식 통보했다. 좀 더 큰 스케일에서 보면 이는 1914년 7월 28일 오스트리아-헝가리의 세르비아 상대 선전포고의 후속 조치였다. 즉, 독일-러시아 간 전쟁은 1차 대전의 일부였다. 그럼에도 두 나라 간의 전쟁은 사실상 별개의 전쟁이라 할 만했다. 3년이 넘는 전쟁 기간 내내 두 나라는 결투나 다름없는 대결을 벌였다.

19세기 초반만 해도 러시아와 독일의 상대적 힘의 차이는 분명했다. 프로이센은 나폴레옹의 프랑스에게 철저히 짓밟힌 반면, 러시아는 나폴레옹의 몰락을 이끌어낸 장본인이었다. 영광은 영원하지 않았다. 19세기 중반 크림 전쟁에서 러시아가 체면을 구기는 사이 프로이센은 오스트리아와 프랑스를 차례로 굴복시키고 독일 통일을 이뤘다. 사실 러시아가 보다 적극적으로 개입했더라면 프로이센의 독일 통일은 쉽지 않았을 일이었다.

독일은 러시아와 별로 싸우고 싶지 않았다. 제1차 세계대전 개전 시 독일의 주 관심사는 서부전선이었다. 1891년부터 1906년까지 독일육군 참모총장이었던 알프레트 폰 슐리펜Alfred Graf von Schlieffen의 복안은 독일의 제한된 병력으로 어떻게 벨기에와 룩셈부르크를 돌파해 프랑스로 진공해 들어갈까에 멈췄다. 독일은 7월 31일까지도 세르비아에 대한 군사적 지원을 중단한다면 자신도 러시아에 대한 적대적 행위를 하지 않겠다고 러시아에게 호소했다.

두 나라 사이의 전쟁은 다른 관점에서도 어색했다. 독일 황제 빌헬름 2세Wilhelm II와 러시아 황제 니콜라이 2세Nikolai II는 서로 친척 간이었다. 빌헬름 2세의 어머니인 빅토리아 아델라이데Victoria Adelaide Mary Louisa와 니콜라이 2세의 부인 알렉산드라 표도로브나Alexandra Feodorovna의 어머니인 앨리스 모드 메리Alice Maud Mary는 각각 영국 빅토리아 여왕의 장녀와 차녀였다. 빌헬름 2세와 니콜라이 2세는 서로를 애칭으로 부를 정도로 각별한 사이였다.

러시아 황제 니콜라이 2세(왼쪽)와 독일 황제 빌헬름 2세(오른쪽)는 서로 친척 간이었다. 둘은 서로 애칭으로 부를 정도로 각별한 사이였다. 하지만 러시아의 경제가 파탄 직전에 이르자 "전쟁은 국가경제에 도움이 된다"는 전쟁의 철칙을 믿은 니콜라이 2세는 독일과의 전쟁에 뛰어들었다. 그의 입장에서 독일과의 전쟁은 경제를 부흥시킬 수 있을 뿐만 아니라 새로운 영토와 인구, 두둑한 배상금까지 차지할 수 있는 '일타쌍피'를 노릴 수 있는 한 수였다.

선전포고 후에도 동부전선에 대한 독일의 계획은 사실상 방치에 가까웠다. 총 8개 군의 병력 중 7개 군을 슐리펜 계획에 따라 서부전선에 투입했고 1개 군만을 동부전선에 남겼다. 이는 러시아가 병력을 동원하는 데에 여러 달 이상 걸릴 거라는 희망사항에 기반한 결과였다. 러시아군은 독일의 선전포고 후 3주도 지나지 않은 8월 17일 동프로이센의 국경을 넘음으로써 독일의 기대를 보란 듯이 깨뜨렸다.

독일의 희망과 달리 러시아는 전쟁을 피할 생각이 없었다. 오히려 전쟁을 일으켰다는 욕을 먹지 않으면서 전쟁에 참가하기를 고대했다. 러시아가 믿는 구석은 다른 게 아니었다. 바로 "전쟁은 국가경제에 도움이 된다"는, 경제학자들이 좋아하는 '전쟁의 철칙'이었다.

"전쟁은 국가경제에 도움이 된다"는 전쟁의 철칙 믿은 니콜라이 2세

국가가 전쟁을 치르려면 군대와 무기는 필수였다. 이는 곧 고용은 물론이고 소비와 투자를 진작하는 기회가 늘어남을 의미했다. 한 나라의 경제 상황을 요약하는 지표로 흔히 사용되는 국내총생산GDP은 위와 같은 시나리오 하에서 늘어나기 마련이었다. 즉, 전쟁을 벌이면 국가경제가 좋아진다는 생각은 통상적인 경제학자들에게는 상식과도 같았다.

시기적으로 러시아–독일 간의 1차 대전보다 나중이기는 하지만, 특히 미국의 관점에서 2차 대전은 전쟁의 철칙의 증거였다. 금융시장에 내재된 불안정성으로 촉발된 1929년의 대공황은 미국 대통령 프랭클린 루즈벨트Franklin Roosevelt의 뉴딜New Deal 정책에도 불구하고 쉽게 사라지지 않았다. 특히 루즈벨트의 두 번째 임기가 시작된 1937년에 불황이 다시 찾아왔다. 1938년의 미국 국내총생산은 3.3퍼센트 하락했고, 실업률은 전년의 14.3퍼센트에서 19퍼센트로 치솟았다.

1939년 유럽에서 2차 대전이 시작되자 미국은 프랑스와 영국에 대한 무기수출금지를 해제하며 경기의 활력을 끌어올렸다. 그해 미국의 국내총생산은 8퍼센트가 올랐고, 전쟁이 끝나기 1년 전인 1944년까지 매년 8퍼센트에서 19퍼센트까지 올랐다. 아이러니하게도 전쟁이 끝난 1945년에는 1퍼센트 감소했고 그 후로도 1948년을 제외하면 매년 감소했다. 그러다가 6·25 전쟁이 발발한 1950년에는 다시 8.7퍼센트 성장했다.

러시아는 프로이센의 독일 통일에 개입하지는 않았지만 해당 전쟁 기간 동안 군사비 지출을 20퍼센트 이상 늘렸다. 외부의 위협은 군대를 늘리고 싶은 국가 권력의 언제나 좋은 핑곗거리였다. 산업화가 더뎠던 러시아는 증대된 군비의 대부분을 병력 증강에 사용했다. 이는 낙후된 산업구조가 제자리걸음을 하게 만드는 악순환을 가져왔다. 그로 인해 1차 대전 직전 러시아의 경제 상황은 파탄 직전이었다.

보다 구체적으로 1차 대전 직전 러시아군 병력은 140만 명 정도였다. 당시 약 8,000만 명의 러시아 인구를 감안하면 이를 500만 명 이상으로 끌어올리는 것은 일도 아니었다. 당시 독일의 인구는 러시아의 80퍼센트 선인 약 6,500만 명인 데다가 병력이 서부와 동부 둘로 나뉘어야 했다. 러시아의 수적 우세는 슬프게도 460만 정밖에 없는 보유 소총으로 인해 제약되었다.

니콜라이 2세 입장에서 독일과의 전쟁은 '일타쌍피'를 노릴 수 있는 한 수였다. 전쟁의 철칙이 맞는다면 전쟁의 결과와 무관하게 국내총생산으로 직결되는 무기 등의 산업 생산을 일거에 늘릴 수 있었다. 확실하지는 않지만 전쟁에 이길 경우 새로운 영토와 인구, 그리고 두둑한 배상금까지 차지할 수 있었다. 이는 부도난 회사의 경영진이 '될 대로 되라!'는 심정으로 회삿돈을 빼돌려 투기에 나서는 일과 다르지 않았다.

경제 살리려 창문 깬 자의 최후

니콜라이 2세와 그를 둘러싼 경제학에 정통한 귀족들이 놓친 게 한 가지 있었다. 이른바 '깨진 창문의 오류'였다. 19세기 프랑스 정치인 프레데릭 바스티아^{Claude Frédéric Bastiat}는 아이가 돌을 던져 가게의 유리창이 깨져도 전혀 문제될 게 없다는 논리를 폈다. 유리창을 수리하는 데 쓴 돈 6프랑은 사람들 사이를 돌아다니며 경제를 활성화한다는 식이었다. 바스티아의 논리대로라면 전쟁은 정말로 경제를 살리는 길이 될 터였다.

그러나 바스티아의 논리에는 결함이 있었다. 결과적으로 가게 주인은 쓰지 않아도 될 돈 6프랑을 썼다. 유리업자가 아이를 시켜 유리창을 깨지 않았더라면 다른 요긴한 일에 쓸 수 있었던 돈이 없어진 셈이다. 그로 인해 가게 주인의 가족은 배를 곯게 될 수도 있었다. 유리업자가 가게 주인의 6프랑을 빼앗았다고 해도 틀린 말이 아니다.

니콜라이 2세의 기대와는 달리 전쟁은 성공적이지 못했다. 오스트리아–헝가리군을 상대로는 체면치레를 했지만, 독일군을 상대로 한 전투에서는 톡톡히 망신을 당했다. 1915년 전선은 전쟁 전의 러시아 영토에 형성되었고, 경제활성화 효과도 신통치 못했다. 전쟁과 황제를 더 이상 참을 수 없었던 러시아인들은 1917년 2월 혁명(위 사진)을 일으켜 니콜라이 2세를 퇴위시켰다(아래 사진).

사회 전체적 관점에서도 바스티아의 논리는 궤변에 가까웠다. 한번 깨지면 되돌릴 수 없는 것들이 세상에는 존재한다. 역사적 유물이나 예술작품, 혹은 멀쩡한 건물이 불타버리면 그저 사라질 뿐이다. 설혹 깨진 유리처럼 재생이 가능해도 애초의 유리를 만드는 데 들어간 사람의 수고는 연기처럼 소멸된다.

전쟁의 철칙을 믿었던 니콜라이 2세가 놓친 게 하나 더 있었다. 바로 사람의 목숨이었다. 니콜라이 2세는 전쟁으로 국내총생산이 증가되고 영토가 늘어나기만 하면 아무리 많은 사람이 죽어나가도 상관없었다. 전쟁으로 인해 죽거나 다친 사람의 피해는 국내총생산과 무관하거나 심지어 국내총생산을 증가시켜줄 가능성도 있었다. 어머니가 해주는 밥은 전혀 기여가 안 되지만 투기로 인한 자산가격 상승은 긍정적으로 영향을 미치는 대상이 국내총생산이기 때문이었다.

니콜라이 2세의 기대와는 달리 전쟁은 성공적이지 못했다. 오스트리아-헝가리군을 상대로는 체면치레를 했지만 독일군을 상대로 한 전투에서는 톡톡히 망신을 당했다. 1915년 전선은 현재의 라트비아-벨라루스-우크라이나, 즉 전쟁 전의 러시아 영토에 형성되었다. 경제활성화 효과도 신통치 못했다. 1916년이 되어서야 겨우 무기 생산량이 이전보다 늘었다.

전쟁과 황제를 더 이상 참을 수 없었던 러시아인들은 1917년 2월 혁명을 일으켜 니콜라이 2세를 퇴위시켰다. 독일의 빌헬름 2세도 1918년 11월 패전과 더불어 네덜란드로 망명했다. 니콜라이 2세와 빌헬름 2세를 끝으로 러시아와 독일에서 황제는 역사의 유물이 되었다. 마지막 황제로 인한 전쟁에서 러시아군 사상자는 거의 1,000만 명에 달했다. 독일군도 동부전선에서 150만 명가량을 잃었다. 민간인 사상자는 별개였다.

2

볼리비아와 파라과이가 그란 차코 지역을 두고 전쟁을 한 이유는?

그란 차코 지역 영유권 분쟁으로 시작된 볼리비아-파라과이 전쟁

1932년 6월 15일, 볼리비아군 분견대는 피티안투타^{Pitiantuta}호 근방 파라과이군 초소를 탈취한 후 불태워버렸다. 피티안투타호는 볼리비아와 파라과이의 접경지역인 그란 차코$^{Gran Chaco}$에 위치한 호수였다. 7월 16일, 파라과이군 부대는 그란 차코의 볼리비아군 분견대를 몰아냈다. 보복에 나선 볼리비아군은 코랄레스^{Corrales}, 톨레도^{Toledo}, 보케론^{Boquerón}의 파라과이군 전초기지를 점령했다. 파라과이군은 1만 명 이상의 병력을 동원해 그란 차코에 투입했다. 볼리비아군은 근방의 파라과이군 전초기지를 추가로 점령하기 위한 작전에 나섰다. 나중에 차코 전쟁$^{Chaco War}$이라고 불리게 된 볼리비아-파라과이 전쟁의 시작이었다.

남아메리카에 위치한 볼리비아와 파라과이 사이에는 공통점과 차이점이 모두 존재했다. 바다에 면하지 않은 내륙국이라는 점이나 19세기 초반에 독립국이 되었다는 사실은 서로 같았다. 볼리비아가 16세기 이래로 독립할 때까지 스페인의 직접적인 식민지였다면 파라과이는 가톨릭 예수회의 선교지였다는 점은 서로 달랐다. 은광이 있던 볼리비아가 변변한 자원이 없던 파라과이에 비해 경제적으로 더 나은 형편이었다는 점 역시 다른 점이었다.

독립 후 19세기 내내 두 나라는 모두 국가적 위신이 실추되는 어려움을 겪었다. 볼리비아는 19세기 전반 페루의 독립과 영토 확장을 막는 데 실패했다. 또 19세기 후반 칠레와의 전쟁에서 지면서 남태평양으로 나갈 통로가 막히고 말았다. 뿐만 아니라 여러 분쟁 끝에 브라질과 아르헨티나에게도 영토를 적지 않게 빼앗겼다. 결과적으로 독립 이래로 볼리비아의 영토는 절반 이하로 줄었다.

파라과이는 1864년부터 1870년까지 브라질, 아르헨티나, 우루과이의 세 나라를 상대로 전쟁한 끝에 수도인 아순시온^{Asunción}까지 함락되는 완

1932년 막대한 원유가 매장되어 있을 것으로 예측된 그란 차코 지역의 영유권을 놓고 벌어진 볼리비아-파라과이 전쟁(차코 전쟁) 당시 파라과이군의 모습. 처음에는 군 규모, 무기의 질에서 우세한 볼리비아가 유리한 것처럼 보였으나, 적은 병력으로 분전한 파라과이가 승리를 거둬 그란 차코 지역의 4분의 3을 차지했다. 이 전쟁은 볼리비아의 경제를 붕괴시키고 볼리비아 대중 사이에 개혁 요구를 불러일으켰다. 다량의 원유가 매장되어 있을 것이라는 큰 기대에도 불구하고 그란 차코의 경제성 있는 유전은 아직까지도 발견되지 않았다.

패를 당했다. 약 30퍼센트의 영토를 잃었을 뿐 아니라 인명 피해도 엄청났다. 구체적으로, 종전 직후인 1871년에 시행된 인구조사에 의하면 성인 여자가 10만 6,254명, 어린이가 8만 6,079명인데 반해, 성인 남자는 2만 8,746명이었다. 50만 명이 약간 넘는 전쟁 전 인구의 추정치가 맞는다면 전쟁으로 인해 인구의 60퍼센트가량이 죽거나 옆 나라로 도망갔다는 얘기다.

원유매장설로 절대 포기 못 하는 생존권역으로 부상한 그란 차코

페루나 칠레의 땅 일부라도 되찾아 남태평양에 직접 연결되고 싶었던 볼리비아의 희망은 1929년 리마 조약이 체결되면서 속절없게 되었다. 이제 바다로 나갈 길이 막힌 볼리비아는 눈을 육지로 돌렸다. 파라과이와 영토에 대한 주권을 놓고 외교적으로 다투던 그란 차코가 그 대상이었다. 사람이 거주하기 쉽지 않은 밀림과 늪지대인 그란 차코는 이를 테면 계륵 같은 존재였다. 빼앗기자니 자존심이 상하지만 막상 가져봐야 별 도움이 안 되었다. 두 나라의 그란 차코 경계가 모호한 채로 100년 가까이 지내온 이유였다.

1920년대 후반 그란 차코 북부에 다량의 원유가 매장되어 있을 가능성이 높다는 분석이 나왔다. 분석의 주체는 정유회사였다. 하루아침에 그란 차코는 재투성이 부엌데기에서 공주로 대접이 달라졌다. 볼리비아와 파라과이 모두 그란 차코를 절대 포기할 수 없는 생존권역의 일부로 간주하기 시작했다.

국제 분쟁의 중요 원인이 되어버린 원유

19세기 후반부터 개발되기 시작한 유전은 국제 분쟁의 원천이 되었다. 유전을 가진 국가와 가지지 못한 국가의 차이는 컸다. 19세기 후반 미국은 펜실베이니아와 텍사스 등에서 유전을 발견했다. 러시아의 바쿠Baku와 캅카스Kavkaz, 루마니아의 플로이에슈티Ploiești에서도 원유가 채굴되기 시작했다. 독일도 자국 영토인 비체Witze에 유전을 가졌다. 자체 매장량이 미미해 마음 졸이던 영국은 이란의 원유를 차지하면서 산유국 대열에 끼었다.

유전을 넉넉하게 확보하지 못함은 20세기 국제정치에서 치명적인 약점으로 작용했다. 2차 대전 중 독일은 늘어난 석유 사용량을 충족하고 소련의 석유 생산을 끊을 목적으로 1942년 모스크바가 아닌 캅카스를 주 공격 방향으로 삼았다. 1941년 7월 28일, 일본이 14만 명의 병력으로 프랑스령 인도차이나 남부를 점령하자 미국은 8월 1일 일본에 대한 석유 수출을 중단했다. 석유 부족을 염려한 일본은 인도네시아 팔렘방Palembang의 유전을 뺏기 위한 전초전으로서 12월 미국 하와이의 태평양함대를 기습했다. 1935년 이탈리아의 아비시니아 침공 때 영국과 프랑스는 경제제재

품목에 석유를 포함하지 않음으로써 이탈리아의 점령을 내심 인정한다는 비난을 받았다.

원유는 1970년대 이래로 새로운 의미를 갖게 되었다. 미국이 자국 통화인 달러의 금 태환을 중단한 대신 원유를 달러로만 팔도록 중동의 왕가들과 거래를 했다. 또한 그렇게 받은 돈을 다른 나라 통화로 바꾸지 않고 다시 미국 국채를 매수하도록 해 달러의 가치가 유지되도록 했다. 반대급부로서 중동의 왕가들은 취약한 기반에도 불구하고 국내 권력을 유지하기 위한 정치적·군사적 보호를 미국에게 받았다.

2000년 11월, 사담 후세인의 이라크는 자국 원유의 판매 대금을 미국 달러에서 유로로 바꾸기로 결정했다. 미국은 걸프전 이래로 미국과 영국의 엄격한 관리하에 있었던 이라크가 대량살상무기를 비밀리에 개발 중이라는 이유로 2003년 이라크를 침공했다. 사담 후세인은 처형을 당했고 대량살상무기는 어느 곳에서도 발견되지 않았다. 새로운 이라크 정부는 곧바로 원유 결제 통화를 미국 달러로 되돌렸다.

이란은 2003년부터 미국 달러 외 다른 통화로도 원유를 거래하는 거래소 설립을 검토하기 시작했다. 유로나 엔 등의 통화로 결제된 원유 거래는 2006년부터 발생했다. 2006년부터 유엔 안전보장이사회는 이란에 대한 순차적인 제재를 부과했다. 제재의 이유는 이란의 핵개발이었다. 2017년부터 미국이 무역전쟁을 개시하자 중국은 자국 통화인 위안으로 원유 대금을 결제하기 시작했다.

볼리비아와 파라과이의 대결의 또 다른 측면은 석유회사 간의 이익 다툼이었다. 차코에 있을지 모르는 원유에 대한 채굴권을 놓고 네덜란드와 영국의 회사 로열 더치 셸Royal Dutch Shell과 미국 회사 스탠더드 오일Standard Oil이 대립했다. 스탠더드 오일은 볼리비아를, 로열 더치 셸은 파라과이를 후원했다.

독일군 교리와 전차로 무장한 볼리비아군의 패배

볼리비아-파라과이 전쟁의 향배를 예측하기는 쉬워 보였다. 여러 측면에서 볼리비아의 승리는 당연한 듯했다. 무엇보다도 군 규모에서 앞섰다. 전쟁에 투입된 볼리비아군 병력은 약 21만 명으로 15만 명의 파라과이군보다 많았다. 당시 약 88만 명의 인구를 가진 파라과이는 자국 인구의 17퍼센트를 전쟁에 동원한 셈이었다. 200만 명이 조금 넘은 인구를 보유한 볼리비아의 10퍼센트 가까운 징집률도 결코 낮지 않았다.

　무기의 질에서도 볼리비아군은 파라과이군을 앞섰다. 볼리비아 육군은 최신 소총과 기관총으로 무장했으며 영국의 비커스Vickers 경전차까지 다수 보유했다. 공군력에서도 최고시속 250킬로미터인 미국 커티스-라이트Curtiss-Wright CW-14 오스프리Osprey를 20기 가진 볼리비아군이 최고시속 230킬로미터의 프랑스 포테즈Potez-25를 4기 가진 파라과이군보다 나았다.

　또 다른 변수는 지휘관이었다. 볼리비아군 최고 지휘관은 독일 태생의 한스 쿤트Hans Kundt였다. 1869년에 태어난 쿤트는 1차 대전 때 독일군 여단장과 군단참모장으로 참전했다. 볼리비아군 총사령관과 전쟁장관을 겸한 쿤트는 1차 대전 때의 독일군 교리에 따라 볼리비아군을 지휘했다. 교리를 교조적으로 이해한 쿤트는 화력과 보병에 의한 정면돌파를 고집했다. 또 늪지대에서 무용지물이 되기 쉬운 경전차와 장갑차를 구입해 전투에 투입한 것은 전적으로 쿤트의 주장 때문이었다.

　1935년 6월까지 3년 가까이 벌어진 전쟁의 인명 피해는 컸다. 파라과이군 전사자는 4만 명 정도였고, 볼리비아군 전사자는 6만 명 이상이었다. 볼리비아군은 4만 명 이상의 부상자가 발생했고, 2만 명 이상이 포로로 잡혔다. 적은 병력으로 분전한 파라과이는 그란 차코의 4분의 3을 획득했다. 볼리비아는 남은 4분의 1로 만족해야 했다.

　그란 차코의 경제성 있는 유전은 아직까지도 확실히 발견되지 않았다.

Dow Jones

3
오스트리아 황태자 부부
암살 사건은
전 세계 금융시장에
어떤 영향을 미쳤나?

1차 대전의 도화선이 된 오스트리아 황태자 부부 암살 사건

1914년 6월 28일 오전 10시 50분경, 프란츠 페르디난트Franz Ferdinand를 태운 오픈카가 멈추려고 속도를 줄였다. 하필이면 그곳에 그가 나타나기를 기다리던 남자가 서 있었다. 남자는 차의 발판에 올라타 품에서 벨기에 FN 1910년형 38구경 권총을 꺼내들었다. 첫 번째 총알은 페르디난트의 목정맥에, 두 번째 총알은 페르디난트의 부인인 조피 초테크Sophie Chotek의 복부에 박혔다. 남자는 그 자리에서 세 번째 총알로 자살하려 했지만 주변 사람들에게 붙들려 뜻을 이루지 못했다. 페르디난트와 초테크는 오전 11시 반에 모두 숨을 거뒀다.

페르디난트의 피격은 우발적이지 않았다. 총을 쏜 가브릴로 프린칩Gavrilo Princip은 6명으로 구성된 암살단의 일원이었다. 암살단은 프린칩을 포함한 5명의 세르비아인과 1명의 보스니아인으로 구성되었다. 프린칩은 세르비아인이었다. 이들은 페르디난트 부부가 보스니아-헤르체고비나의 수도 사라예보Sarajevo를 방문한다는 뉴스를 듣고 암살을 계획했다. 폭탄과 권총으로 무장한 처음 2명은 아무런 행동에 나서지 못했다. 오전 10시 10분, 세 번째 인물인 네델코 차브리노비치Nedeljko Čabrinović는 다가오는 페르디난트의 차를 향해 폭탄을 던졌다. 폭탄이 조금 늦게 폭발하는 바람에 뒤따르는 차에 탄 사람들과 행인 10여 명이 다치는 데 그쳤다.

페르디난트의 적극적인 슬라브계 포섭 정책에 화난 세르비아인

프란츠 페르디난트는 오스트리아-헝가리 제국의 황태자였다. 오스트리아-헝가리는 1878년 베를린 조약에 의해 오스만튀르크가 지배하던 보스니아-헤르체고비나를 보호령으로 편입했다. 같은 조약에서 독립국이 된 세르비아는 보스니아-헤르체고비나가 세르비아의 일부가 되어야 한다고 믿었다.

1914년 6월 28일에 오스트리아-헝가리 제국의 황태자 부부가 보스니아-헤르체고비나의 수도 사라예보에서 세르비아의 가브릴로 프린칩에게 암살되는 사건이 벌어졌고, 이 사건은 1차 대전의 도화선이 되었다. 대수롭지 않을 거라는 금융시장 참가자들의 집합적 예측에도 불구하고 1914년 7월 28일 오스트리아-헝가리가 세르비아에 전쟁을 선포했다. 7월 30일에는 러시아가 오스트리아-헝가리를 상대로 군의 총동원령을 발효했다. 8월 1일부터 3일까지 독일은 러시아를 상대로 전쟁을 선포하고, 룩셈부르크를 점령하고, 프랑스에 선전포고했다. 8월 4일에는 영국이 독일에 전쟁을 선포했다. 전쟁은 이후 약 2,000만 명을 죽이면서 4년 이상 계속되었다. 1차 대전 기간 중 독일의 주식시장은 폭락을 한 번도 겪지 않았다. 주식시장이 망가지면 안 된다는 시장지상주의자들의 의견에 따라 독일 정부가 개입한 덕분이었다.

1908년 불가리아가 오스만튀르크로부터 독립하는 와중에 오스트리아-헝가리가 보스니아-헤르체고비나를 아예 영토로 흡수하자 세르비아는 오스트리아-헝가리를 철천지 원수로 여기게 되었다. 1910년 세르비아군 첩보부대가 만든 비밀조직이 오스트리아-헝가리의 보스니아-헤르체고비나 총독을 살해할 정도였다.

페르디난트는 합병한 보스니아-헤르체코비나의 사람들을 억압할 생각이 별로 없었다. 오히려 그 반대였다. 오스트리아-헝가리는 태생이 다민족으로 구성된 제국이었다. 슬라브계인 보스니아인에 대한 동등한 대우는 제국의 안정과 확장에 필요했다. 페르디난트의 적극적인 슬라브계 포섭 정책은 역설적으로 동일한 슬라브계인 세르비아인을 화나게 만들었다.

실타래처럼 얽혀 있던 유럽의 외교 지형과 각국의 속셈

19세기 이래로 실타래처럼 얽혀 있던 유럽의 외교 지형은 20세기 초반에 보다 선명한 윤곽을 드러냈다. 평화의 가장 큰 축이었던 독일-오스트리아-러시아의 삼제동맹은 러시아 대신 이탈리아를 새로운 구성원으로 받아들였다. 러시아는 프랑스, 영국과 보다 긴밀한 관계를 수립함으로써 독일-오스트리아의 확실한 반대편이 되었다. 슬라브인의 종주국임을 자임한 러시아는 세르비아의 이익을 자신의 것으로 동일시했다.

유럽 최강국 중 하나인 오스트리아-헝가리의 황태자를 총으로 쏴 죽이겠다는 생각은 전쟁을 각오하지 않으면 할 수 없는 일이었다. 그런 일이 벌어졌다면 누구의 눈에도 그 배후는 세르비아가 분명했다. 자기 혼자서 오스트리아-헝가리의 상대가 될 수 없음은 세르비아도 알았다. 세르비아가 오스트리아-헝가리에게 도발한 것은 러시아가 자신의 편으로서 개입할 것이라고 믿었기 때문이다.

러시아의 계산도 간단했다. 세르비아를 돕자고 오스트리아-헝가리와 독일을 단독으로 상대하기는 버거웠다. 하지만 서쪽의 프랑스와 영국이 협공한다면 승산이 있었다. 영국과 프랑스도 러시아가 함께 한다면 오스트리아-헝가리와 독일을 군사적으로 무릎 꿇릴 수 있다고 봤다. 그렇게만 된다면 19세기 후반 독일 수상 오토 폰 비스마르크Otto von Bismarck가 그토록 피하려던 시나리오가 실현되는 꼴이었다. 오스트리아-헝가리와 세르비아의 대결은 연쇄반응을 일으키며 전 유럽을 전쟁으로 끌어들이기 십상이었다.

페르디난트 부부 암살 사건 이후 전 세계 금융시장의 반응은

페르디난트가 암살된 시점부터 한 달이 다 되도록 전 세계 금융시장은 특별한 반응을 보이지 않았다. 미국의 다우존스 지수Dow Jones index는 6월 28일 80에서 7월 10일 82에 육박했다가 7월 26일 다시 80으로 돌아왔다. 독일의 국채 가격도 내내 제자리였다. 말하자면, 금융시장은 전쟁의 가능성을 대수롭지 않게 봤다.

시장은 수요와 공급에 의해 자원을 가장 효율적으로 배분하는 기구라고 알려져왔다. 예를 들어, 수요가 증가하면 시장의 가격은 올라가기 마련이다. 높은 가격은 보다 많은 공급을 불러오며 결과적으로 가격은 다시 안정한 상태를 유지한다. 반대로 공급이 감소하면 가격이 오르지만 오른 가격은 수요를 감소시키기에 가격은 또다시 내려 안정을 되찾는다. 이처럼 시장은 언제나 알아서 균형가격을 찾아가기 때문에 외부에서 개입해서는 안 된다는 주장이 바로 시장지상주의다.

시장지상주의자는 금융시장에 특별한 역할 한 가지를 더 부여했다. 바로 미래를 예측하는 기능이다. 이들에게 금융시장 참가자 혹은 투자자는 미래를 전망하는 예언자였다. 금융시장은 미네르바의 올빼미 눈을 가진 개별 투자자의 지혜를 하나로 모으는 신성한 제단이었고, 주식 가격은 앞으로 벌어질 일에 대한 현인들의 오라클이었다.

실제 금융시장 참가자의 유일한 관심사는 금전적 이익이곤 했다. 시장 참가자들은 가격을 인위적으로 올려 이익을 취하려는 다양한 기법을 개발해왔다. 공급을 거의 독점해 시장을 구석으로 몰아넣는 이른바 '코너링'이나 수요가 증가된 것처럼 보이기 위해 여럿이서 짜고 거래를 주고 받는 이른바 '통정매매'가 대표적인 예다.

19세기 초 영국에서 금융업을 영위하던 네이선 로스차일드^{Nathan Rothschild}가 큰돈을 번 일화는 유명하다. 1815년 나폴레옹이 지휘하는 프랑스군과 영국-프로이센 연합군이 워털루^{Waterloo}에서 일전을 벌였다. 병력 규모에서 7만 3,000명의 프랑스군은 11만 8,000명의 영국-프로이센군보다 열세였다. 하지만 나폴레옹이 병력의 열세에도 불구하고 승리를 거둔 과거 사례는 한둘이 아니었다. 누구도 어느 쪽이 승리할지 확신을 갖고 예측하기는 어려웠다.

영국-프로이센군이 승리했다는 소식을 남들보다 먼저 접한 로스차일드는 런던 증권거래소에 나타났다. 영국이 전쟁에 승리했다면 영국 국채의 가격이 오르리라고 예측할 법했다. 앞으로 오를 테니 지금 사야 한다는 생각은 상식에 가까웠다.

로스차일드는 예측할 생각이 없었다. 그는 금융시장을 조종의 대상으로 여겼다. 로스차일드는 일말의 주저함 없이 영국 국채를 팔았다. 확신에 가득 찬 모습으로 계속해서 팔자 불안감에 휩싸인 다른 시장 참가자들도 덩달아 팔기 시작했다. 영국 국채 가격은 삽시간에 폭락했다. 거기에 미래에 대한 예측은 존재하지 않았다. 행동이 뒤처져 나만 손해볼 수는 없다는 공포와 폭락장에서 공매도로 이익을 보려는 탐욕만 있을 뿐이었다.

충분히 가격이 떨어지자, 로스차일드는 순식간에 다량의 영국 국채를 다시 매수했다. 웰링턴Duke of Wellington이 보낸 승전 소식은 로스차일드가 이전보다 더 많은 영국 국채를 가진 후에 도착했다. 시장 참가자들은 다시 미친 듯이 영국 국채를 사들였다. 가격은 로스차일드가 처음에 팔기 시작할 때보다도 더 올라갔다.

대수롭지 않을 거라는 금융시장 참가자들의 집합적 예측에도 불구하고 1914년 7월 28일 오스트리아-헝가리는 세르비아에 전쟁을 선포했다. 이후 과정은 도미노가 쓰러지듯 연달아 일어났다. 7월 30일 러시아가 오스트리아-헝가리를 상대로 군의 총동원령을 발효했다. 8월 1일부터 3일까지 독일은 러시아를 상대로 전쟁을 선포하고, 룩셈부르크를 점령하고, 프랑스에 선전포고했다. 8월 4일, 영국이 독일에 전쟁을 선포했다. 전쟁은 이후 약 2,000만 명을 죽이면서 4년 이상 계속되었다.

1차 대전 기간 중 독일의 주식시장은 폭락을 한 번도 겪지 않았다. 주식시장이 망가지면 안 된다는 시장지상주의자들의 의견에 따라 독일 정부가 개입한 덕분이었다.

4
구리가 풍부한 팡구나 광산은
부건빌에게
축복일까, 저주일까?

바람 잘 날 없던 태평양의 섬

1988년 12월, 부건빌Bougainville에 배치된 파푸아뉴기니Papua New Guinea의 경찰기동대와 정규군은 지역 반군의 공격을 받았다. 세계에서 두 번째로 큰 섬인 뉴기니New Guinea는 동경 141도를 기준으로 서쪽의 인도네시아와 동쪽의 파푸아뉴기니로 나뉘었다. 20세기 초까지 네덜란드, 영국, 독일의 세 국가는 뉴기니를 삼등분해 식민지로 삼았다. 1975년 파푸아뉴기니는 이전 영국과 독일의 식민지를 영토로 하여 독립국이 되었다.

부건빌은 뉴기니 동쪽의 비스마르크Bismarck 군도에서 동남쪽으로 약 300킬로미터 떨어진 섬이었다. 충청남도보다 약간 넓은 부건빌은 지리적으로는 솔로몬Solomon 제도의 북단을 구성했다. 프랑스 최초의 세계일주에 성공한 프랑스 군인 루이-앙투안 드 부갱빌Louis-Antoine de Bougainville은 1768년 남태평양 항해 중에 발견한 섬의 이름을 자신의 성을 따서 지었다.

1884년 독일은 뉴기니 북동부를 영토로 선언했다. 이어 1885년 주변의 비스마르크 군도와 북부 솔로몬 제도도 흡수했다. 솔로몬 제도의 제일 큰 섬인 부건빌은 이때부터 독일의 지배를 받기 시작했다. 독일은 같은 해 부건빌 북동 방향의 마셜Marshall 제도를 스페인으로부터 샀고 1899년에는 적도 북쪽의 캐롤라인Caroline 제도와 더 북쪽의 마리아나Mariana 제도까지 2,500만 페세타peseta에 사들였다.

1914년 1차 대전이 발발하자 오스트레일리아와 일본은 재빨리 태평양의 독일 식민지를 공격해 차지했다. 부건빌은 오스트레일리아의 몫이었다. 1차 대전 종전 후 적도를 기준으로 북쪽의 마셜, 캐롤라인, 마리아나 제도는 일본의 보호령이 되고, 남쪽의 뉴기니 북동부, 비스마르크 군도, 부건빌은 오스트레일리아의 보호령이 되었다. 부건빌이 과달카날Guadalcanal을 포함한 솔로몬 제도의 남쪽 섬들과 합쳐지지 못한 이유는 영국이 나머지 솔로몬 제도를 영토로 지배한 탓이었다.

1988년부터 10년간 지속된 부건빌–파푸아뉴기니 무력충돌의 근간에는 세계적 매장량을 갖춘 부건빌 팡구나 광산을 둘러싼 양측의 이해관계도 작용했다. 사진은 내전 당시 부건빌 혁명군이 팡구나 광산을 통제하고 있는 모습이다. 〈사진 출처: 뉴질랜드 외교부 홈페이지 캡처〉

태평양전쟁 초반인 1942년 3월 일본군은 부건빌에 상륙했다. 부건빌에서 특수정찰 임무를 수행하던 20명 수준의 오스트레일리아 1독립중대는 전투를 포기하고 후퇴했다. 일본군은 부건빌에 여러 비행장과 정박지를 건설했다. 특히 섬 남쪽에 건설한 부인Buin 비행장은 1942년 하반기의 과달카날 전투 때 일본군의 주요 기지로 사용되었다.

일본군은 부건빌을 남태평양의 전략적 요충지로 여겼다. 지역 내 일본군 최대 거점이라 할 수 있는 비스마르크 군도의 항구 라바울Rabaul을 엄호하는 위치였기 때문이다. 1943년 4월 18일 일본 연합함대사령장관 야마모토 이소로쿠山本五十六는 참모들의 만류를 뿌리치고 부대 격려차 최전방인 부인 비행장으로 향하다가 미군 전투기 P-38 라이트닝Lightning 편대의 기습을 받고 죽었다.

부건빌을 놓고 일본군과 미군은 격전을 벌였다. 1943년 11월 미군은 부건빌 서쪽의 토로키나^{Torokina}곶에 상륙했다. 약 14만 명 대 5만 명의 병력 차와 약 5 대 1의 항공기 수 우세를 앞세운 미군은 일본군을 압도했지만 섬 전체를 점령할 생각은 없었다. 1944년 11월 미군 대신 투입된 오스트레일리아군은 보다 적극적으로 공세를 펼쳤다. 그럼에도 1945년 8월 항복 시까지 일본군은 부건빌에서 전멸되지 않고 저항했다.

풍부한 자원은 하늘의 축복?

2차 대전 후 부건빌은 뉴기니 동부와 함께 오스트레일리아의 보호령이 되었다. 제국주의 시대에 독일에 강제로 편입당하고 양차 대전을 거치면서 오스트레일리아와 일본 손에 떨어진 부건빌이 독립을 열망함은 당연했다. 실제로 1975년 부건빌은 독립을 선언했다.

부건빌의 독립 선언에는 역사적인 이유 외에 경제적인 배경도 존재했다. 1960년대 말 부건빌 중부 팡구나^{Panguna} 지역에서 대규모 구리 광산이 발견되었다. 노천광인 팡구나의 구리 매장량은 당시 세계 최대로 평가되었다.

1993년 랭카스터대학의 리처드 오티^{Richard Auty}는 '자원의 저주'라는 말을 사용했다. 천연자원이 풍부한 나라가 그렇지 못한 나라에 비해 오히려 경제성장이 더딘 경향이 있다는 의미였다. 비유하자면 태어날 때 주어진 황금알을 낳는 거위는 축복이 아니라 저주에 가깝다는 얘기였다.

자원의 저주는 여러 가지 방식으로 나타날 수 있었다. 첫째로, 돈을 너무 쉽게 벌기에 다른 산업을 키우려는 노력을 등한시했다. 둘째, 원자재는 가격의 변동성이 커서 국가의 재정 수입이 들쭉날쭉했다. 셋째, 소수의 사람이 국가의 부를 독점하는 부패가 곧잘 나타났다. 넷째, 자원이 고갈되면 국가 경제가 파국을 맞았다. 다섯째, 자원의 소유를 놓고 내전이 일어나기 쉬웠다.

부건빌에서 북동쪽으로 약 1,500킬로미터 떨어진 나우루Nauru는 부건빌처럼 19세기 후반 독일에 병합되었다. 1900년 오스트레일리아인 앨버트 풀러 엘리스Albert Fuller Ellis는 나우루에서 대규모 인광석 광산을 발견했다. 인광석에는 비료와 화약의 주요 재료인 인산염이 다량 들어 있다. 20세기 초반부터 나우루의 인광석은 수출되기 시작했다.

나우루는 부건빌과 비슷하게 1차 대전 때 오스트레일리아가 점령했고 2차 대전 때 일본이 점령했다. 2차 대전 종전 후 오스트레일리아, 뉴질랜드, 영국의 공동 보호령이 된 나우루는 1968년 마침내 독립했다.

경제적으로 나우루는 1980년대 초반 전성기를 구가했다. 인광석 수출은 나우루의 1인당 국민소득을 5만 달러 가까이 끌어올렸다. 자원으로 떼돈을 버는 또 다른 국가 사우디아라비아에 이은 세계 2위의 성적이었다. 1만여 명의 나우루 국민들은 사치에 가까운 경제적 풍요를 누렸다.

그러나 나우루의 인광석은 무한대가 아니었다. 1990년대 들어 채산성이 떨어지면서 국가의 수입은 급격히 떨어졌다. 나우루 정부는 검은 돈을 처리해주는 조세회피처로 변신하려고 했지만 그마저도 쉽지 않았다. 2017년 나우루의 1인당 국민소득은 약 8,500달러로 줄어들었다. 나우루는 자원의 저주 네 번째 양태의 표본과도 같았다.

구리광산에 가로막힌 부건빌 독립

부건빌의 경우는 나우루와 똑같지는 않았다. 오스트레일리아는 1975년 9월에야 파푸아뉴기니의 독립을 승인했다. 오스트레일리아의 눈에 부건빌은 파푸아뉴기니의 일부였다.

역사적이나 지리적인 이유 외에도 부건빌이 파푸아뉴기니의 일부로 취급됨을 거부할 이유는 또 있었다. 부건빌인들은 생김새도 파푸아인들과 달랐다. 파푸아인의 피부색은 연한 데 반해, 부건빌인의 피부색은 훨씬 검

1960년대 말 부건빌에서 발견된 팡구나 광산의 모습. 노천광인 팡구나 광산에는 구리, 금, 인광석 등 값나가는 광물자원이 많이 매장되어 있다. 그러나 부건빌은 팡구나 광산에서 발생하는 이익의 100분 1밖에 받지 못하게 되자, 1975년 독립을 선언했다. 파푸아뉴기니와 오스트레일리아가 이를 받아들이지 않자, 부건빌은 1988년 부건빌 섬 내의 파푸아뉴기니 병력에 대한 공격을 개시했다. 부건빌과 파푸아뉴기니 사이의 무력 충돌은 약 10년간 지속되었고, 1998년 4월에 휴전이 성립되었다. 이후 2019년 12월 부건빌 독립에 대한 국민투표가 실시되어 부건빌 국민이 98.3퍼센트가 완전한 독립에 찬성표를 던졌으나, 파푸아뉴기니 정부는 아직 결정을 내리지 않고 있다. .

었다. 부건빌인들은 파푸아인을 '붉은 피부'라고 불렀다.

오스트레일리아는 부건빌의 독립에 부정적이었다. 오스트레일리아의 광산회사 리오 틴토$^{Rio\ Tinto}$는 부건빌구리회사를 설립하고 1971년 호주주식시장에 상장시켰다. 부건빌의 독립은 부건빌 구리의 소유관계에 영향을 줄 가능성이 컸다. 이는 곧 리오 틴토가 가져갈 이익이 줄어들거나 없어질 수도 있음을 의미했다.

파푸아뉴기니는 오스트레일리아보다 더 부건빌의 독립에 반대하는 입장이었다. 파푸아뉴기니는 독립 전 부건빌 구리의 이익 1.25퍼센트를 받다가 독립 후 재협상을 통해 20퍼센트로 올렸다. 독립한 파푸아뉴기니에게 팡구나의 인광석은 수출액의 45퍼센트에 해당했다. 파푸아뉴기니는 받은 돈의 95퍼센트를 직접 갖고 5퍼센트만 부건빌에게 주었다. 즉, 팡구나 광산에서 발생하는 이익이 1,000억 원이라면 부건빌이 갖는 돈은 그 100분의 1인 10억 원이 전부였다.

1975년 부건빌의 독립선언은 공허한 메아리로 취급되었다. 파푸아뉴기니와 오스트레일리아는 부건빌의 독립을 받아들일 생각이 없었다. 부건빌에게 남은 선택지는 전쟁뿐이었다. 13년 후인 1988년 부건빌은 섬 내의 파푸아뉴기니 병력에 대한 공격을 개시했다. 부건빌에게는 독립전쟁이지만 파푸아뉴기니 관점에서는 반란이자 내전이었다.

부건빌과 파푸아뉴기니 사이의 무력 충돌은 약 10년간 지속되었다. 각각 수천 명의 병력이 동원된 대결에서 양쪽 모두 1,000명 이상의 사상자가 발생했다. 전장이 된 부건빌은 수천 명에서 많게는 1만 명이 넘는 민간인이 죽임을 당했다. 파푸아뉴기니는 1997년 영국의 용병회사 샌드라인Sandline의 용병을 돈으로 고용해 부건빌에 투입하려고 시도했다. 샌드라인의 실전 투입은 오스트레일리아의 개입으로 마지막 순간에 이루어지지 못했다. 둘 사이의 휴전은 1998년 4월에 성립되었다.

2016년 1월 자치 부건빌 정부와 파푸아뉴기니 정부는 부건빌 독립에 관한 국민투표를 관리할 위원회 설치에 동의했다. 2019년 12월 부건빌 독립에 대한 국민투표가 실시되었다. 부건빌 국민의 유효 표 중 98.3퍼센트가 완전한 독립에 찬성표를 던졌다. 그러나 이러한 결과는 참고사항에 불과했다. 투표 결과와 무관하게 최종적인 결정 권한은 파푸아뉴기니 정부에게 있었다. 파푸아뉴기니는 아직 결정을 내리지 않았다.

5

핵우산 대신
핵무기를 택했다면
우크라이나의 운명은
달라졌을까?

2014년 2월 28일, 아무런 마크도 없는 소속 불명의 러시아 군인들이 우크라이나 심페로폴 국제공항(Simferopol International Airport)을 순찰하고 있는 모습. 2월 친러 성향의 크림 의회가 크림 공화국과 러시아의 합병을 선언하면서 이후 러시아가 우크라이나를 침공하는 발판이 마련되었다. 러시아의 우크라이나 군사 개입은 2014년 2월 말 러시아가 우크라이나 크림 반도의 주요 건물, 공항, 군사기지를 점령하면서 시작되었다.

러시아의 우크라이나 침공

2014년 8월 22일, 러시아군 포병과 보병이 우크라이나 서부의 돈바스Donbass로 진입했다. 돈바스는 북쪽의 루한스크Luhansk와 남쪽의 도네츠크Donetsk로 구성된 지역이었다. 러시아 정부도 자국 정규군이 우크라이나 국경을 넘은 사실을 부인하지는 않았다. 이는 러시아와 우크라이나 사이의 전쟁 발발이라고 할 만했다.

역사적으로 우크라이나는 수많은 외침을 겪었다. 13세기에는 몽골의 지배를, 14세기부터는 폴란드와 리투아니아의 지배를 받았다. 폴란드 귀족들은 우크라이나인을 농노로 부렸다. 외세에 쉽게 굴하지 않은 우크라이나인들은 17세기에 무장독립운동을 벌였다. 이때까지 우크라이나인들의 구적은 폴란드인이었다.

러시아가 우크라이나 역사에 본격적으로 등장한 시기가 바로 이때였다. 러시아는 동우크라이나, 즉 드네프르Dnepr강 동쪽의 자치권을 인정했다. 우크라이나를 폴란드로부터 뺏어 자신의 세력권에 편입하려는 시도였다. 18세기 후반부터는 우크라이나를 아예 러시아화하려는 의도를 노골화했다. 동우크라이나는 1917년 러시아 황제가 쫓겨나자 독립국을 선포했지만 이내 혁명 러시아에 의해 진압되었다. 1918년에 서우크라이나가 시도한 별개의 독립도 폴란드라는 벽을 넘지 못하고 무산되었다. 러시아는 우크라이나를 이른바 코사크 기병의 공급처 정도로 간주했다.

2차 대전 중 우크라이나인들의 행동은 복합적인 양상을 띠었다. 일부 민족주의자들은 러시아인, 공산주의자, 유대인을 증오했다. 나치를 해방자로 여긴 이들은 전쟁 말기 소련군의 공세에 맞선 독일군의 방어전에 자발적으로 참여했다. 자신들의 집과 마을을 먼저 불태운 독일군을 침입자로 여기는 사람도 물론 적지 않았다. 2차 대전 내내 우크라이나 전역에서 독일과 소련은 격전을 벌었다.

2차 대전 후 우크라이나는 폴란드 차지였던 드네프르강 서쪽까지 확보하며 러시아 다음가는 소비에트 연방의 일원으로 자리 잡았다. 전쟁 때 러시아와 함께 피를 흘린 덕분이었다. 1954년 소련은 19세기 이래로 직접 지배하던 크림 반도를 우크라이나에게 넘겼다. 소련 흑해함대의 모항 세바스토폴이 있는 크림 반도는 러시아보다는 우크라이나에 가까운 위치에 있었다. 우크라이나에서 태어난 레오니트 브레즈네프Leonid Il'ich Brezhnev는 니키타 흐루쇼프Nikita Sergeyevich Khrushchev의 뒤를 이어 1964년부터 1982년 숨질 때까지 소련 공산당 서기장을 지냈다.

냉전 체제 하에서 러시아와 우크라이나는 서로 간의 차이점보다 공통점을 우선시했다. 설혹 커다란 차이를 느꼈다고 하더라도 공개적으로 표출하기는 쉽지 않았다. 그랬다가는 1968년 8월에 체코인과 슬로바키아인들이 겪은 일을 겪지 말란 법이 없었다. 체코슬로바키아 공산당 서기장 알렉산데르 둡체크[Alexander Dubček]는 공산주의 블록 내에서의 개혁을 시도하다가 바르샤바 조약군의 전면적 침공을 받고는 축출되었다. 소련군은 1989년까지 체코슬로바키아에 점령군으로서 주둔했다.

1989년 11월 베를린 장벽이 무너지면서 공산주의 블록의 급속한 해체가 시작되었다. 우크라이나인들은 더 이상 속마음을 숨길 이유가 없었다. 1991년 12월 1일, 우크라이나 전체 유권자의 약 84퍼센트가 참여한 국민투표에서 92퍼센트가 소련으로부터의 독립에 찬성표를 던졌다. 같은 달 26일 소련은 공식적으로 해체되어 15개의 국가로 분리되었다. 우크라이나인들은 마침내 얻은 독립을 기뻐했다.

얼떨결에 갖게 된 막대한 핵무기

우크라이나의 독립에는 한 가지 현실적인 문제가 있었다. 바로 핵무기의 처리였다. 소련 43로켓군은 원래 우크라이나가 주둔지였다. 5개 로켓사단으로 구성된 43로켓군은 다양한 대륙간탄도미사일과 Tu-95와 같은 전략폭격기를 보유했다. 소련 해체와 더불어 이들은 자동으로 우크라이나군 소속이 되었다. 하루 아침에 소련 핵탄두의 약 3분의 1이 우크라이나군 소유로 바뀐 셈이었다. 결과적으로 우크라이나의 핵능력은 미국과 러시아에만 뒤질 뿐, 중국, 영국, 프랑스보다도 앞섰다.

미국과 러시아는 계산은 달랐지만 한 가지 점에서는 일치했다. 별개의 핵강국 출현이 전혀 달갑지 않다는 점이었다. 미국은 소련의 1949년 핵실험 때문에 한국전쟁 때 원자탄을 사용하지 못했다. 소련도 1964년 중국이 자체 핵무기를 개발한 후 말을 듣지 않는 경험을 했다. 사실 우크라이나가 이미 수중에 있는 핵무기를 그대로 갖겠다고 해도 미국과 소련에게 뾰족한 방법이 있지는 않았다. 그냥 눈 뜨고 볼 수 밖에 없었다.

우크라이나인들의 심경은 그보다 복잡했다. 코사크 기병의 후예들은 세계를 지배할 마음이 별로 없었다. 게다가 1986년에 폭발한 원자력발전소가 위치한 체르노빌Chernobyl은 바로 우크라이나의 일부였다. 우크라이나인들은 방사능 등 핵폭발의 폐해를 직접 경험했다.

또한 핵무기를 갖고 있다면 언젠가 핵전쟁에 휘말리지 말란 법이 없다고 염려했다. 이는 아주 틀린 얘기는 아니었다. 애초에 소련이 43로켓군을 우크라이나에 배치한 이유도 비슷했다. 모든 핵무기를 러시아에만 뒀다가는 미국과의 핵전쟁 시 러시아만 멸망될 수 있었다. 우크라이나에 배치한 핵무기는 미국의 선제핵공격 목표를 분산하는 효과를 가져왔다. 러시아와 미국은 당근과 채찍을 동시에 내보이며 우크라이나의 핵무기 포기를 종용했다. 특히 미국은 러시아의 잠재적 위협에 대해 핵우산을 제공해주겠다고 공언했다.

핵무기 포기를 반대하는 목소리도 만만치 않았다. 우크라이나가 대적하기에 러시아는 덩치 큰 버거운 상대였다. 역사적 경험으로도 앞으로 러시아가 제국주의적 성향을 자제하리라는 보장이 없었다. 핵무기 없는 우크라이나를 러시아가 침공했을 때 막상 미국이 핵전쟁을 감수하면서까지 우크라이나를 지키려 들겠느냐는 지적도 뒤따랐다.

러시아 개입 막기엔 너무 얇은 핵우산

고민 끝에 우크라이나는 핵무기를 포기하기로 결정했다. 1994년 12월, 우크라이나, 러시아, 영국, 미국은 헝가리 수도 부다페스트Budapest에서 각서에 서명했다. 우크라이나의 영토와 안전을 보장하고, 우크라이나를 상대로 핵무기를 포함해 어떠한 무력을 행사하지 않는다는 내용이었다. 또한 우크라이나는 영세중립국으로 남겠다고 대내외적으로 선언했다.

각서와 선언의 효력은 그렇게 길지는 않았다. 우크라이나가 서구에 가까워지려고 애쓸수록 러시아는 불편한 시선으로 바라봤다. 러시아의 흑해함대는 우크라이나 독립 이후에도 여전히 세바스토폴을 모항으로 사용했다. 우크라이나가 세바스토폴 사용계약 연장을 허용하지 않을 뜻을 내비치자, 2014년 2월 세바스토폴의 러시아군이 경계를 서는 가운데 크림의회는 크림과 러시아와의 합병을 선언했다.

같은 해 3월, 돈바스의 친러 세력이 러시아와의 합병을 공개적으로 요구하기 시작했다. 이들과 러시아 사이에 교감이 없다고 얘기하기는 어려웠다. 4월부터는 친러 민병대와 우크라이나군 간 무장 충돌이 시작되었다. 민병대의 상당수는 러시아에서 온 러시아 민족주의자들이었다.

4,000만 명 넘는 인구에 20만 명 이상의 병력을 가진 우크라이나 정규군이 5,000명 수준의 친러 민병대를 제압하지 못할 이유는 없었다. 보다 큰 위협은 3월 말부터 국경지대에 배치된 4만 명가량의 러시아군이었다. 7월에는 민병대가 러시아제 지대공미사일로 말레이시아항공 여객기를 격추해 298명의 탑승자 전원이 사망했다. 민병대가 밀린다 싶자, 급기야 8월에 러시아군이 국경을 넘었다. 민병대는 러시아군이 해변에서 휴가를 보내는 대신 자신들과 함께 휴가 기간을 이용해 싸우는 중이라고 주장했다.

2018년 11월에는 흑해와 아조프해Sea of Azov를 연결하는 케르치 해협Kerch Str.에서 우크라이나 해군 함정 3척이 러시아군의 공격을 받고 나포되었다. 러시아와 우크라이나는 2003년 케르치 해협과 아조프해를 공동 영해로 인정하는 조약을 체결했다. 우크라이나는 이 조약에 의거하여 항행의 자유를 주장했다. 2척의 초계정과 1척의 예인선으로 구성된 우크라이나 함대는 흑해의 오데사Odessa항에서 아조프해의 마리우폴Mariupol항으로 항행 중이었다.

현재도 크림과 돈바스의 대부분은 러시아군의 영향 아래 놓여 있다. 우크라이나가 기대했던 핵우산은 생각보다 얇았다.

6

영국-보어 전쟁의
진정한 승자는?

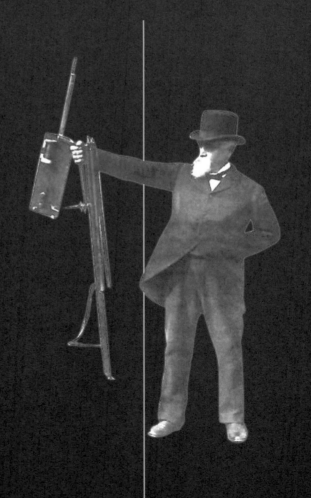

2차 영국-보어 전쟁 당시였던 1900년 1월 보어군이 남아프리카공화국 콰줄루나탈주에 있는 언덕 스피온콥
(Spion Kop)에서 찍은 전승 기념 사진. 스피온콥 전투는 전쟁 초반 보어군이 영국군을 상대로 유리하게 전세를
이끌며 대승을 거둔 전투 중 하나다.

2차 영국-보어 전쟁에서 구식 무기 탓에 수세 몰린 영국

1899년 10월 11일, 남아프리카공화국과 오라녜^{Oranje}자유국은 아프리카
남단에 위치한 영국 케이프식민지를 향해 공세를 시작했다. 네덜란드 동
인도회사는 17세기 중반부터 아프리카 최남단에 식민지를 세웠다. 농부
를 가리키는 네덜란드어 '보어^{Boer}'는 이후 이들 식민자를 가리키는 보통
명사가 되었다. 프랑스혁명전쟁 때인 1795년 영국은 네덜란드로부터 보
어의 땅을 빼앗았다. 영국의 지배가 싫었던 보어들은 아프리카 내륙으로
들어가 남아프리카와 오라녜 등의 여러 보어공화국을 세웠다. 즉, 이 전쟁
은 영국과 보어 사이의 전쟁이었다.

남아프리카는 영국을 상대로 이미 1880~1881년에 한 차례 전쟁을 치
렀다. 남아프리카군은 사실 군대라기보다는 민병대에 가까웠다. 전투부대
는 지역별로 편성되었다. 개별 병사들은 스스로 자신의 소총과 말을 준비

했다. 장교는 부대원들에 의해 선출되었다. 사냥으로 단련된 보어들은 몸을 숨긴 채 저격하는 솜씨가 뛰어났다. 1차 영국-보어 전쟁에서 보어군은 자국 내의 영국군을 몰아내는 데 성공했다.

1886년 남아프리카 수도 프레토리아^{Pretoria} 남쪽에서 대규모 금광이 발견되자 영국은 다시 두 나라를 탐냈다. 케이프 총독 세실 로즈^{Cecil John Rhodes}는 1895년 말 린더 제임슨^{Leander Starr Jameson}이 지휘하는 600명을 남아프리카에 침투시켜 폭동을 일으키려 했지만 실패했다. 뻔뻔하게도 영국은 오히려 이를 기화로 남아프리카에 거주하는 모든 영국인에게 남아프리카인과 동일한 권리를 보장하라는 최후통첩을 날렸다. 남아프리카는 국경의 영국군을 48시간 내에 후퇴시키라는 대답으로 응수했다. 영국 언론은 남아프리카에 대한 조롱으로 지면을 도배했다. 늘 육군 병력이 빠듯했던 영국 정부는 그보다는 복잡한 심경이었다. 그럼에도 병력을 물릴 생각은 없었다.

2차 영국-보어 전쟁 개전 당시 1만 3,000여 명이었던 케이프의 영국군은 1899년 11월 레드버스 헨리 불러^{Redvers Henry Buller}가 지휘하는 1개 군단이 증파되면서 대폭 증강되었다. 3개 보병사단과 1개 기병사단으로 구성된 불러의 군단을 포함하면 케이프의 영국군은 이미 약 3만 3,000명의 보어군보다 병력에서 앞섰다. 1899년 12월까지 벌어진 여러 주요 전투에서 영국군은 거듭 패배했다. 가령, 12월 15일에 벌어진 콜렌소 전투^{Battle of Colenso}에서 영국군 2만 1,000명은 보어군 8,000명을 상대로 투겔라^{Tugela}강을 건너려다 실패했다. 이 전투에서 영국군은 약 1,400명을, 보어군은 40명을 잃었다.

보어군 초반 선전의 한 원인은 보어군이 사용하는 무기였다. 남아프리카와 오라녜는 개전 전에 3만 7,000정의 마우저^{Mauser} 모델 1895를 구입했다. 마우저 모델 1895는 독일 무기회사 도이체바펜^{DWM}이 1895년에 개량한 소총이었다. 총탄 5발을 클립을 통해 한 번에 장전할 수 있고 유효사거리가 500미터에 이르는 마우저는 당대 최고 수준의 소총이었다. 영국군 일부가 사용한 마티니-엔필드Martini-Enfield나 흑색화약을 사용하는 리-메트포드Lee-Metford는 말할 필요도 없고 1895년에 개발된 리-엔필드Lee-Enfield도 마우저에 비해 열세였다. 특히 장거리 정확도라는 면에서 영국 소총은 마우저의 상대가 될 수 없었다. 또한 남아프리카는 독일 무기회사 크루프Krupp와 프랑스 무기회사 슈나이더Schneider로부터 최신 야포와 공성포를 구입했다.

독일과 프랑스 무기회사가 보어에게 무기를 판 일은 이해하기 어렵지 않았다. 당시 두 나라는 영국과 제국주의적 경쟁을 치열하게 벌이고 있었다. 영국이 남아프리카를 점령하게 되면 그만큼 두 나라의 지역 내 영향력은 줄어들기 마련이었다. 이런 경우 쓸 수 있는 방법은 크게 세 가지였다. 첫째는 군대를 보내 개입하는 방법, 둘째는 돈을 빌려주는 방법, 셋째는 무기를 파는 방법이었다. 첫째 방법은 전쟁에 끌려들어가 큰 피해를 볼 각오를 해야 했다. 둘째 방법은 전쟁에 말려들 걱정은 없지만 돈을 빌려간 국가가 갚지 않을 위험이 만만치 않았다. 셋째 방법은 자국 군대의 소모 없이 적국을 괴롭히면서 돈까지 벌 수 있었다. 이야말로 일석삼조의 최선책이었다.

그렇기에 국가는 무기 제조를 중요한 일로 여겼다. 크루프와 슈나이더는 각각 독일과 프랑스 정부의 전폭적인 육성을 받았다. 대신 비밀을 준수할 의무가 부과되었다. 이는 비단 근대의 일만은 아니었다. 8세기 프랑크 왕국은 우수한 장검을 만드는 노하우가 뛰어났다. 이에 프랑크왕 샤를마뉴Charlemagne는 장검을 바이킹에게 파는 자는 사형에 처한다는 포고를 내렸다. 도끼나 철퇴를 주로 쓰는 바이킹 손에 보다 우수한 무기가 쥐어지면 막기가 더욱 힘들어지기 때문이었다.

자국 무기산업을 보호하겠다는 국가의 의지는 단지 군사적 관점에서만 비롯되지 않았다. 영국이 남아프리카를 무력으로 짓밟으려는 이유 중 하나는 독일 노벨 회사가 남아프리카 내 독점권을 가졌기 때문이었다. 전 세계 화약시장을 독점한 노벨Alfred Nobel은 유럽 각국에 자회사를 두었다. 영국은 독일 노벨 회사와 함께 영국 노벨 회사도 돈 벌게 되기를 원했다.

영국에 영입된 '죽음의 슈퍼 세일즈맨'

영국 무기회사 중 대표주자는 바로 비커스Vickers였다. 1828년 주조공장으로 시작된 비커스는 원래 양질의 교회 종을 만드는 것으로 유명했다. 1880년대 후반부터 무기회사로 변신하기 시작한 비커스는 1897년 자회사 맥심-노르덴펠트Maxim-Nordenfelt와 합병했다. 비커스가 대주주였던 기관총회사 맥심Maxim이 스웨덴 무기회사 노르덴펠트Nordenfelt를 1888년에 인수해 맥심-노르덴펠트가 생겨난 이유도 비커스가 원해서였다. 비커스와 맥심의 노르덴펠트 인수 결정 배후에는 전 세계 기관총 시장을 독점하려는 의도 외에 한 가지 이유가 더 있었다. 바로 '죽음의 슈퍼 세일즈맨'이라는 별명을 가진 바실 자하로프Basil Zaharoff를 뽑으려는 의도였다.

1850년에 태어난 자하로프는 1877년 노르덴펠트의 아테네 주재 세일즈맨이 되었다. 노르덴펠트는 수중에서 어뢰 발사가 가능한 잠수함을 최초로 개발했다. 자하로프는 이후 모든 무기회사가 교본으로 삼을 일을 보여줬다. 그는 먼저 2척의 잠수함을 그리스에 팔았다. 그리고 이어서 터키에 접근했다. 자신이 판 잠수함에 관한 내밀한 정보를 터키에 넘기면서 이들이 터키에게는 큰 위협이라고 부추겼다. 터키는 결국 2척의 잠수함을 샀다. 자하로프는 여기에 만족하지 않았다. 이번에는 러시아에 그리스와 터키의 잠수함 구입 사실을 귀띔했다. 흑해의 제해권 상실이 걱정스러웠던 러시아도 잠수함 2척을 사고 말았다. 놀랍게도 그리스, 터키, 러시아

터키 태생의 영국 무기거래상 바실 자하로프는 '죽음의 슈퍼 세일즈맨'이라는 별명답게 무기를 필요로 하는 나라와 필요치 않은 나라를 가리지 않고 무기를 팔아댔다. 비커스가 맥심-노르덴펠트와 합병한 지 2년 만에 발발한 2차 영국-보어 전쟁은 자하로프에게 그저 좋은 비즈니스 기회일 뿐이었다. 자하로프는 영국군에게 총과 탄약을 파는 걸로만 만족할 수 없었다. 그는 맥심의 기관총과 37밀리미터 구경 자동포, 일명 '폼폼'을 보어군에게도 팔았다. 그는 비커스의 매출 증대에 도움이 된다면 전쟁을 사주하는 일도 마다하지 않았다.

가 산 잠수함은 어뢰 발사는 고사하고 잠항조차 거의 불가능한 물건이었다. 실제로 터키가 인수한 1번함은 어뢰 발사 시험을 시도하다가 전복되어 침몰했다.

그뿐만이 아니었다. 당시 노르덴펠트의 무기 중에 일명 '오르간총'이 있었다. 복수의 총열을 병렬로 연결한 오르간총은 하이람 맥심Hiram Maxim이 개발한 맥심 기관총에 비해 거의 모든 면에서 열세였다. 자하로프는 술, 여자, 속임수, 흑색선전, 그리고 뇌물을 총동원해 오스트리아군이 맥심 기관총 대신 오르간총을 채택하도록 만들었다.

무기상의 조국은 '시장'

자하로프는 맥심-노르덴펠트가 비커스에 합병된 이후에도 비커스를 결코 실망시키지 않았다. '죽음의 슈퍼 세일즈맨'답게 무기를 필요로 하는 나라와 필요치 않은 나라를 가리지 않고 팔아댔다. 비커스가 맥심-노르덴펠트와 합병한 지 2년 만에 발발한 2차 영국-보어 전쟁은 자하로프에게 그저 좋은 비즈니스 기회일 뿐이었다. 자하로프는 영국군에게 총과 탄약을 파는 걸로만 만족할 수 없었다. 그는 맥심의 기관총과 37밀리미터 구경 자동포, 일명 '폼폼'을 보어군에게도 팔았다. 영국군은 보어군으로부터 폼폼의 포탄을 얻어맞은 후에야 비커스에게 폼폼을 주문했다. 자하로프는 비커스의 매출 증대에 도움이 된다면 전쟁을 사주하는 일도 마다하지 않았다. 마우저를 생산하는 도이체바펜은 마쉬넨게베어^{Maschinengewehr}, 즉 MG01이라는 기관총도 만들어 팔았다. 이는 맥심 기관총의 라이센스 제품이었다.

2차 영국-보어 전쟁의 전황은 1900년 1월부터 영국군에게 유리하게 전개되었다. 18만 명에 달하는 육군 병력을 케이프에 파견한 덕분이었다. 이만한 규모의 해외 파병은 영국이 이전까지 경험해본 적이 없는 수준이었다. 같은 해 9월까지 영국군은 남아프리카와 오라녜를 명목상 점령했다. 보어들은 그후에도 게릴라전을 지속하다가 1902년 5월에 항복했다. 아프리카 남단의 영국군은 가장 많을 때 다른 식민지부대와 현지의 아프리카인부대를 포함해 50만 명 이상으로 불어났다. 그 불어난 수만큼 비커스와 자하로프는 더 많은 무기를 팔 수 있었다.

7

크림 전쟁에서 크론시타트 방어전의 의외의 패자는?

프랑스-영국과 러시아의 전쟁으로 확대된 크림 전쟁

1853년 7월 러시아군이 당시 오스만튀르크의 지배하에 있던 다뉴브 군주령을 점령했다. 오스만튀르크가 단독으로 전쟁하기에 러시아는 버거운 상대였다. 프랑스와 영국이 오스만튀르크의 동맹으로서 같이 싸우는 조건이라면 해볼 만했다. 오스만튀르크는 1853년 10월 러시아에 선전포고했다. 프랑스와 영국은 1954년 3월 28일, 러시아에 선전포고했다. 크림 전쟁은 이제 오스만튀르크와 러시아의 전쟁에서 프랑스-영국과 러시아의 전쟁으로 확대되었다.

1854년 4월 영국 함대는 발트해에 모습을 드러냈다. 크림 전쟁 애초의 전역이었던 다뉴브 지역과 캅카스 지역 외에 새로운 지역이 추가된 셈이었다. 같은 해 6월 프랑스 함대가 발트해의 영국 함대와 합류했다. 세계의 바다를 지배하던 영국과 프랑스가 손을 잡은 만큼 함대 전력은 강력했다.

러시아 발트해함대의 모항 크론시타트를 제압하라

발트해는 러시아에게 중요한 전역이었다. 발트해의 핀란드만에는 러시아의 수도 상트페테르부르크Sankt Peterburg가 위치했다. 프랑스와 영국이 크림 전쟁을 빨리 끝내는 확실한 방법은 상트페테르부르크를 점령하는 것이었다.

상트페테르부르크 방어의 핵심은 코틀린Kotlin섬이었다. 상트페테르부르크에서 서쪽으로 약 30킬로미터 떨어진 곳에 위치한 코틀린섬은 면적이 대략 동작구와 같았다. 폭이 약 15킬로미터인 좁은 만의 한가운데에 자리 잡은 덕에 적 함대의 진입을 방해했다. 또한 코틀린섬에는 크론시타트Kronstadt가 있었다. 크론시타트는 러시아 발트해함대의 모항이었다. 북위 60도 가까이에 있는 크론시타트는 완전한 부동항은 아니었다. 12월 초부터 4월까지 결빙되는 탓에 쇄빙선의 활동이 필요했다.

수적으로 열세인 러시아 발트해함대는 영국-프랑스 함대와 결전을 벌

1854년 8월 영국-프랑스 함대는 발트해 북쪽의 보트니아만 초입에 위치한 요새 보마르순트를 포격했다. 보마르순트 수비대의 항복은 크림 전쟁을 통틀어 영국-프랑스 함대가 발트해에서 거둔 유일한 전과였다.

일 생각이 없었다. 요새의 포대에 의지한 채 크론시타트항에만 웅크리고 있었다. 영국-프랑스 함대는 크론시타트 근처에서 농성할 뿐 함부로 항구로 쇄도하지 못했다. 진입을 시도했다가는 이길지언정 적지 않은 피해를 볼 게 뻔해서였다. 크론시타트를 제압하지 못하는 한 상트페테르부르크의 점령은 불가능한 시나리오였다.

　출전했지만 별다른 전과를 얻지 못한 영국-프랑스 함대는 초조해졌다. 1854년 8월 영국-프랑스 함대는 발트해 북쪽의 보트니아만Gulf of Bothnia 초입에 위치한 요새 보마르순트Bomarsund를 포격했다. 보마르순트 수비대의 항복은 크림 전쟁을 통틀어 영국-프랑스 함대가 발트해에서 거둔 유일한 전과였다. 1855년 8월에는 당시 러시아의 일부였던 핀란드 헬싱키 외곽 섬에 위치한 요새 스베아보리Sveaborg를 공격했다. 이틀간 1,000문 이상의 함포가 불을 뿜었지만 120문의 포를 가진 러시아 전열선 로시야Rossiya와 요새 포대의 분전으로 영국과 프랑스의 공격은 결국 실패했다.

1853년 모리츠 폰 야코비는 세계 최초로 기뢰를 만들었다. 닻에 줄로 연결되어 바다에 떠 있던 기뢰는 해안까지 연장된 긴 전선이 달려 있었다. 전선을 통해 전기를 흘려 보내면 기뢰에 담긴 14킬로그램의 흑색화약이 폭발했다. 러시아 해군은 60발의 야코비 기뢰를 크론시타트항 근방에 설치했다. 야코비 기뢰의 존재를 인식했던 영국–프랑스 함대는 크론시타트항에 접근하기를 꺼렸다.

영국–프랑스 함대의 크론시타트항 접근을 막은 야코비 기뢰

프랑스 함대가 함부로 크론시타트 난입을 시도하지 못한 데에는 또 다른 이유가 있었다. 1801년 프로이센 포츠담Potsdam에서 태어난 모리츠 폰 야코비Moritz von Jacobi는 다방면으로 활동한 엔지니어였다. 모리츠 폰 야코비는 타원함수나 자코비안이라 불리는 함수행렬식으로 유명한 수학자 칼 구스타브 야코비Carl Gustav Jacob Jacobi의 친형이었다. 쾨니히스베르크대학과 베를린대학 수학 교수였던 동생과 달리 모리츠 폰 야코비는 1830년대부터 1872년 죽을 때까지 상트페테르부르크에서 살면서 보리스 세묘노비치Boris Semyonovich라는 이름을 얻었다.

1853년 야코비는 새로운 장치를 개발했다. 닻에 줄로 연결되어 바다에 떠 있던 해당 장치는 해안까지 연장된 긴 전선이 달려 있었다. 전선을 통해 전기를 흘려 보내면 장치에 담긴 14킬로그램의 흑색화약이 폭발했다.

야코비와 비슷한 시기인 1838년에 상트페테르부르크로 이민 온 스웨덴 태생 엔지니어 임마누엘(사진)은 야코비의 기뢰 발명 소식을 듣고 곧바로 이를 흉내내어 기뢰를 만들었다. 임마누엘의 기뢰는 여러 면에서 야코비 기뢰보다 열등했다. 하지만 임마누엘은 러시아 황실과 정부 요인들에게 뇌물을 제공하여 야코비 기뢰 대신 자신의 기뢰를 구매하게 만들었다. 야코비는 자신의 기뢰로 영국과 프랑스 해군에게 승리를 거두었지만, 임마누엘이라는 의외의 복병을 만난 셈이었다.

야코비가 만든 장치는 나중에 기뢰라고 불리게 되었다. 야코비는 세계 최초로 기뢰를 만든 사람이었다.

　1853년 여름 러시아 전쟁부는 야코비의 기뢰 생산을 승인했다. 그때는 아직 크림 전쟁이 발발하기 전이었다. 프랑스와 영국이 다음해 4월에 선전포고를 하자 러시아는 어떤 공격이 뒤따를지 알았다. 러시아 해군은 60발의 야코비 기뢰를 크론시타트항 근방에 설치했다. 야코비 기뢰의 존재를 인식했던 영국-프랑스 함대는 크론시타트항에 접근하기를 꺼렸다.

의외의 복병 임마누엘 기뢰

야코비는 영국과 프랑스 해군을 상대로 완승을 거뒀지만 의외의 복병을 만났다. 자신과 같은 해에 스웨덴에서 태어난 임마누엘 노벨Immanuel Nobel이라는 사람이었다. 임마누엘은 야코비와 비슷한 시기인 1838년에 상트페테르부르크로 이민을 왔다. 임마누엘 역시 야코비와 마찬가지로 엔지니어였다.

야코비의 기뢰 발명 소식을 들은 임마누엘은 곧바로 이를 흉내내 만들었다. 임마누엘의 기뢰는 여러 면에서 야코비 기뢰보다 열등했다. 예를 들어, 설치 도중에 갑자기 폭발하는 일이 잦았고, 설치해놓은 기뢰가 이유 없이 터지지 않는 일도 흔했다. 또 묶어놓은 줄이 풀리면서 아무 데나 떠내려가기도 했다. 가격도 야코비 기뢰보다 비쌌다. 성능과 비용 관점에서 임마누엘 기뢰는 야코비 기뢰의 상대가 될 수 없었다.

임마누엘은 야코비가 갖지 않은 다른 재주가 하나 있었다. 러시아 황실과 정부 요인들과 결탁하는 재주였다. 수많은 문제에도 불구하고 러시아는 점점 자코비 기뢰 대신 임마누엘 기뢰를 구매하기 시작했다. 뇌물 없이는 일어나기 어려운 일이었다. 임마누엘의 후원자에는 크론시타트 방어군 사령관 표도르 리트케Fyodor Litke, 해군장관으로서 크림 반도의 러시아군 전체를 지휘하다 군사적 무능으로 1855년 2월에 해임된 알렉산드르 멘시코프Aleksandr Danilovich Menshikov 등이 있었다.

전쟁 때문에 떼돈을 번 노벨가

전쟁 때문에 떼돈을 벌던 임마누엘의 회사는 1855년 3월 변곡점을 지났다. 러시아의 차르 니콜라이 1세Nikolai I가 갑자기 죽은 탓이었다. 뒤를 이은 알렉산드르 2세Aleksandr II는 전쟁수행 의지가 별로 없었다. 1855년 9월 1년 가까이 포위공격을 받던 러시아 흑해함대의 모항 세바스토폴이 함락되자 러시아는 1856년 3월 항복에 가까운 조건으로 파리 조약Treaty of Paris을 맺었다.

전쟁이라는 특수가 사라지자 임마누엘의 회사는 자생이 불가능한 처지가 되었다. 1861년 러시아의 농노를 전면 해방시킨 알렉산드르 2세는 군사비 지출을 대폭 삭감했다. 1859년 임마누엘은 사세가 완전히 기운 회사를 둘째 아들 루드빅Ludvig Nobel에게 물려주고 은퇴 후 스웨덴으로 돌아갔다. 임마누엘의 회사는 1862년에 채권자에게 넘어갔다.

전쟁을 통해 돈을 버는 일은 임마누엘 대에서 끝나지 않았다. 임마누엘의 셋째 아들인 알프레드Alfred Nobel는 1863년 뇌관, 즉 기폭장치를 만들었다. 이어 1867년에는 흑색화약보다 훨씬 더 강력한 화약을 개발했다. 1870년 프랑스-프로이센 전쟁에 데뷔한 알프레드의 폭약은 없어서 못 파는 물건이 되었다. 1896년 독신으로 죽을 때까지 알프레드는 불경할 정도로 많은 재산을 모았다.

'죽음의 상인'으로 불리고 싶지는 않았던 알프레드 노벨의 승부수

'혹시나 내가 유산을 상속받을까?' 하고 기대하던 알프레드 친척들의 바람이 무색하게 알프레드 노벨은 재산의 94퍼센트를 자신의 유훈에 따라 운영되는 재단에 넘겼다. 또한 재단의 수익으로 다섯 분야에 한정하여 상금을 수여하도록 유언을 남겼다. 알프레드 노벨이 말한 다섯 분야는 1) 물리의 발견과 발명, 2) 화학의 발견과 개선, 3) 의학 및 생리학, 4) 이상적인 방향의 저술, 그리고 마지막으로 5) 상비군의 억제나 감축 및 평화회의의 수립이나 심화 분야였다. 이는 전쟁 때문에 엄청난 돈을 벌었지만 사후에 '죽음의 상인'으로 불리고 싶지는 않았던 알프레드 노벨의 승부수였고, 그의 승부수는 통했다.

알프레드 노벨이라는 명성을 탐내던 이들이 있었다. 스웨덴중앙은행과 경제학자들이었다. 이들은 알프레드 노벨의 유언과 무관한 경제학 분야에서 알프레드 노벨의 이름을 빌려 상을 받기를 원했다. 1969년 '경제과학에서 알프레드 노벨을 기리는 스웨덴중앙은행상'이 처음으로 주어졌다.

상금도 알프레드 노벨이 세운 재단이 아닌 스웨덴중앙은행이 낸 돈이었다. 마침내 경제학은 전쟁으로 번 돈의 명성에 편승했다.

8
아테네의
메가라 경제 봉쇄는
어떤 결과를 낳았나?

메가라를 경제적으로 봉쇄하려는 아테네의 메가라 칙령 선포

기원전 432년, 아테네는 자신이 주도하는 델로스 동맹Delian League 내 소속 국가들에게 칙령을 선포했다. 메가라Megara의 시민이 델로스 동맹국에 발을 들이는 행위를 금지하는 내용이었다. 칙령을 선포한 아테네의 속마음은 누구에게라도 분명했다. 즉, 메가라를 경제적으로 봉쇄하려는 의도였다.

메가라는 아테네가 있는 아티카Attica 반도의 서부에 자리 잡은 국가였다. 전설에 의하면 메가라는 아티카를 나눠 가진 4개 부족 중 하나였다. 아테네의 여덟 번째 왕 판디온 2세Pandion II는 삼촌과 사촌들에게 왕 자리를 빼앗겼다. 메가라로 도망간 판디온은 메가라 공주인 필리아Pylia와 결혼해 메가라 왕위에 올랐다. 판디온과 필리아의 네 아들 중 한 명인 니소스Nisos는 메가라 왕위를 이었고, 다른 한 명인 아에게우스Aegeus는 아테네의 왕위를 되찾았다.

메가라의 동쪽에 아테네가 있다면 메가라의 서쪽에는 코린트Corinth가 있었다. 코린트는 펠로폰네소스 반도의 입구에 자리한 국가였다. 메가라에서 아테네와 코린트까지의 거리는 각각 30여 킬로미터로 비슷했다.

메가라인은 탐험과 새로운 식민지 건설에 적극적이었다. 기원전 685년 보스포러스 해협의 지중해 쪽 동안에 칼케돈Chalcedon을 건설했고 기원전 667년에는 해협의 서안에 비잔티움을 건설했다. 나중에 동로마제국의 수도로 천년 이상의 영화를 누린 비잔티움Byzantium은 메가라 사람 비자스Byzas의 이름에서 유래되었다.

메가라는 소아시아 카리아Carya에 있는 밀레토스Miletos와 오랜 기간 동안 동맹관계를 유지했다. 두 도시는 그리스신 아폴로Apollo의 오라클Oracle을 중시하는 것 외에도 여러 공통점을 지녔다. 특히 밀레토스는 실질을 중요시하는 여러 인물의 모국으로도 유명했다. 예를 들어, 역사상 최초의 옵션 거래로 떼돈을 번 탈레스Thalēs는 빚 보증을 서지 말라는 충고를 남겼다. 또

아티카 반도의 서부에 자리한 고대 그리스 도시국가 메가라는 두 맹주국인 아테네와 스파르타를 오가며 1, 2차 펠로폰네소스 전쟁 발발의 원인을 제공했다. 사진은 메가라의 참주 테아게네스(Theagenes) 집권기인 기원전 7세기에 조성된 수도 시설의 유적.

한 후대의 이시도로스^{Isidoros}는 비잔티움의 유명한 성당 하기아 소피아^{Hagia} Sophia의 건축을 이끌었다.

탐험과 실질을 중요하게 여긴 메가라인은 농업 외 여러 산업에 종사했다. 가축의 사육에 능했던 메가라는 양모와 말의 수출로도 유명했다. 북쪽으로 코린트만과 남쪽으로 에게해에 접한 지리적 특성에 힘입어 메가라는 해상무역으로 적지 않은 부를 축적했다. 종교적 열정이 높았던 메가라인은 돈을 아끼지 않는 후함으로도 명성이 높았던 바 "영원히 살 것처럼 신전을 짓고, 내일 죽을 것처럼 (오늘을) 산다"는 평이 자자했다.

아테네와 스파르타 사이를 오간 메가라

페르시아 왕 크세르크세스 1세^{Xerxes I}가 그리스를 침공한 2차 페르시아–

그리스 전쟁에서 메가라는 스파르타 및 아테네와 함께 페르시아에 맞서 싸웠다. 일례로, 전쟁의 향배를 바꾼 기원전 480년의 살라미스 해전Battle of Salamis에서 메가라의 3단 노선 20척은 아테네의 180척보다 적었지만 스파르타의 16척보다는 많았다. 또 기원전 479년의 플라타이아이 전투Battle of Plataeae에서 메가라는 3,000명의 중장보병을 파견해 1만 명이 참전한 스파르타, 8,000명이 참전한 아테네, 5,000명이 참전한 코린트에 이어 네 번째로 많은 병력을 참전시켰다.

기원전 460년 아테네는 메가라와 새롭게 동맹관계를 맺었다. 이전까지 메가라는 스파르타가 이끄는 펠로폰네소스 동맹Peloponnesian League에 속해 있었다. 메가라가 펠로폰네소스 동맹을 탈퇴한 직접적인 이유는 서쪽의 코린트와 벌인 영토 분쟁 때문이었다. 스파르타는 두 동맹국 간에 벌어진 전쟁에서 중립을 유지했지만 결과적으로는 더 가깝고 힘이 센 코린트 편을 든 셈이었다.

이내 발발한 1차 펠로폰네소스 전쟁에서 메가라는 델로스 동맹의 일원으로 아테네 편에서 싸웠다. 특히 코린트만에 면한 메가라의 항구 파가에Pagae는 아테네 해군이 에게해뿐만 아니라 코린트만의 제해권까지 장악하게 하는 전략적 요충지가 되었다. 하지만 제국주의적 야심에서 비롯된 아테네군의 이집트 원정대가 기원전 454년 몰살되면서 전쟁의 동력을 잃었다. 오랜 전쟁에 지친 양 세력은 기원전 445년 향후 30년간 평화를 약속하며 휴전했다. 메가라는 휴전 이전에 다시 펠로폰네소스 동맹에 합류했다.

평화는 30년간 지속되지 못했다. 기원전 440년 델로스 동맹에 속했던 사모스Sámos가 아테네에 반기를 들자 델로스 동맹에 위기가 닥쳤다. 펠로폰네소스 동맹에게는 절호의 기회였지만 스파르타는 개입하지 말자는 코린트의 의견을 받아들였다. 그럼에도 기원전 435년 코린트의 식민지 코르키라Corkyra와 코린트 사이의 분쟁에서 아테네는 함대를 보내 코르키라

편에서 싸웠다. 펠로폰네소스 동맹에 속한 메가라가 코르키라-코린트 분쟁에서 동맹국인 코린트 편을 들자, 아테네는 직접적인 군사행동 대신 메가라에 대한 경제제재를 들고 나왔다.

무차별 공격 수단 경제제재, 그 효과는

군사력 대신 경제력으로써 적국을 압박하고 공격한다는 개념은 이후 경제전쟁이라는 이름으로 불리게 되었다. 프로이센 군인 칼 폰 클라우제비츠$^{Karl von Clausewitz}$가 말한 "전쟁은 다른 수단들을 혼합한 국제정치의 연속에 다르지 않다"는 관점에서 보면 경제전쟁은 합당한 전쟁의 형태다. 무력을 동원하지는 않지만 의도를 갖고 상대에게 피해를 주려 한다는 점에서 경제제재는 전시와 평시를 구별하지 않는 공격 수단이다.

경제제재로써 달성하려는 구체적인 목표는 다양했다. 예를 들어, 알바니아 내 그리스계 정치인의 수감 기간을 단축시키기 위해 그리스는 알바니아로 향하는 유럽연합의 경제적 지원을 막아섰다. 보다 일반적인 목표는 군사적 모험을 중단시키거나 전략적 역량을 억제하는 경우였다. 가장 흔한 목표는 역사적으로 약 40퍼센트에 해당하는 상대국 정권의 붕괴나 교체였다.

상대를 굴복시키려는 수단으로서 경제전쟁의 효과는 불투명했다. 피터슨국제경제연구원^{PIIE}의 게리 허프바우어$^{Gary Hufbauer}$와 제프리 쇼트$^{Jeffrey Schott}$에 의하면 역사적으로 경제제재가 명시적인 목표를 달성한 경우는 34퍼센트에 지나지 않았다. 시카고대학의 로버트 페이프$^{Robert Pape}$는 허프바우어와 쇼트의 연구 결과를 검토한 후, 34퍼센트에 해당하는 40건의 제재 중 실제로 성공이라 부를 수 있는 경우는 다섯 건에 불과하다고 주장했다.

경제전쟁은 종종 포위 공성전에 비유되기도 했다. 도시나 성의 식량 유

기원전 432년, 아테네는 자신이 주도하는 델로스 동맹 내 소속 국가들에게 메가라의 시민이 델로스 동맹국에 발을 들이는 행위를 금지하는 내용의 메가라 칙령을 선포했다. 메가라를 경제적으로 봉쇄하려는 의도였다. 메가라는 곧바로 펠로폰네소스 동맹을 이끄는 스파르타에 도움을 청했다. 스파르타는 아테네에 메가라에 대한 경제봉쇄 칙령을 당장 폐지하지 않으면 펠로폰네소스 동맹 전체가 아테네를 상대로 군사행동에 나설 수밖에 없다고 최후통첩을 했다. 아테네가 칙령을 폐지할 수 없노라고 버티자, 다음해인 기원전 431년 펠로폰네소스 동맹은 아테네를 상대로 전쟁을 개시했다. 동시기를 살았던 투키디데스는 메가라 칙령을 2차 펠로폰네소스 전쟁의 직접적인 원인이라고 썼다. 아테네는 이로 인해 기원전 404년 패망했다. 위 그림은 기원전 404년 스파르타 리산드로스(Lýsandros) 장군의 명령에 따라 펠로폰네소스 전쟁에서 패배한 아테네의 장벽을 허무는 장면을 묘사한 것이다.

입을 차단해 항복을 받아내려는 공성전은 무기를 들지 않은 무고한 민간인까지 공격대상으로 삼는다는 점에서 비인도적이라는 비판이 있었다. 또 오히려 기존 체제를 중심으로 일반인들이 결집하게 만드는 의도치 않은 부작용을 낳기도 했다.

경제제재는 가하는 쪽보다는 받는 쪽의 상황이 중요했다. 즉, 아무리 가하는 쪽이 철저하게 하려 해도 받는 쪽 관점에서 철저하지 않다면 효과를 거두기는 쉽지 않았다. 일례로, 1935년 베니토 무솔리니의 이탈리아가 지금의 에티오피아인 아비시니아Abyssinia를 침공했을 때 약 8개월간 지속된 국제연맹League of Nations의 제재는 연맹국이 아닌 미국과 소련의 불참으로 별

다른 효과를 거두지 못했다.

　메가라를 경제적으로 봉쇄한 아테네의 목표가 무엇인지는 분명하지 않았다. 제재의 표면적인 명분은 엉뚱했다. 아테네와 메가라의 국경 부근에는 히에라 오르가스$^{Hiera\ Orgas}$라는 곳이 있었다. 아테네인에게 히에라 오르가스는 농경의 여신인 데메테르^{Demeter}와 데메테르의 딸 페르세포네 ^{Persephone}를 섬기는 신성한 지역이었다. 메가라인에게는 경작이 가능한 보통의 땅일 뿐이었다. 아테네는 경제제재의 이유로 메가라의 신성모독을 들었다. 메가라는 신성모독의 혐의를 부인하지 않은 채로 아테네의 제재가 가져올 심각한 결과에 대해 엄중히 항의했다.

　메가라는 곧바로 펠로폰네소스 동맹을 이끄는 스파르타에 도움을 청했다. 지난 10여 년간의 아테네 행동을 기억하고 있던 스파르타는 아테네에 특사단을 파견했다. 메가라에 대한 경제봉쇄 칙령을 당장 폐지하지 않으면 펠로폰네소스 동맹 전체가 아테네를 상대로 군사행동에 나설 수밖에 없다는 최후통첩이었다. 아테네는 칙령을 폐지할 수 없노라고 버텼다.

　다음해인 기원전 431년, 펠로폰네소스 동맹은 아테네를 상대로 전쟁을 개시했다. 델로스 동맹에 속한 아테네의 동맹국들은 모두 자동으로 전쟁에 끌려 들어갔다. 동시기를 살았던 투키디데스^{Thukydides}는 메가라 칙령을 2차 펠로폰네소스 전쟁의 직접적인 원인이라고 썼다. 아테네는 기원전 404년 패망했다. 전쟁을 일으키는 게 칙령의 목표였다면 성공이었고, 메가라의 굴복이 목표였다면 완전한 실패였다.

9
아테네는
왜
펠로폰네소스 전쟁에서
스파르타에게
패했을까?

스파르타군의 승부수

기원전 423년, 브라시다스^{Brasidas}가 이끄는 스파르타군 분견대는 트라키아
^{Thracia}의 도시 암피폴리스^{Amphipolis}를 포위했다. 브라시다스의 시도는 여러
모로 무리한 원정처럼 보였다. 델로스 동맹의 후방인 트라키아는 아테네
의 원군이 쉽게 도달할 수 있는 지역이었다. 게다가 근처의 섬 타소스^{Thasos}
에 이미 투키디데스^{Thukydides} 지휘하에 있는 아테네군이 주둔 중이었다.

펠로폰네소스 전쟁^{Peloponnesian War}은 스파르타를 맹주로 하는 펠로폰네소
스 동맹^{Peloponnesian League}과 아테네를 맹주로 하는 델로스 동맹^{Delian League} 간
의 충돌이었다. 둘은 각각 그리스 내 대륙세력과 해양세력을 상징했다.
즉, 스파르타는 농업에, 아테네는 무역에 의존했다. 예상할 수 있듯이 스
파르타는 육군에, 아테네는 해군에 강점이 있었다. 두 도시국가는 57년
전 테르모필레^{Thermopylae} 협곡과 살라미스^{Salamis} 앞바다에서 페르시아를 상
대로 실력을 증명했다.

8년 전에 시작된 2차 펠로폰네소스 전쟁은 전혀 스파르타에게 유리하
게 전개되지 않았다. 아테네를 포위하려던 서전의 시도는 내륙의 아테네
와 외항 피레우스^{Piraeus}를 연결하는 약 6킬로미터 길이의 '장벽'에 의해 무
산되었다. 2년 전의 스팍테리아^{Sphacteria} 전투에서는 죽을지언정 항복하지
않는다는 스파르타군의 명성에 금이 갔다. 20배 이상의 병력에 의해 포위
되자 120명의 중장보병이 아테네군에게 항복했다. 포로들은 곧 인간방패
로 활용되었다. 아테네 본토가 공격받으면 곧바로 포로를 처형하겠다는
아테네의 위협은 진지했다. 사면초가에 처한 스파르타에게 남은 선택지
는 많지 않았다. 브라시다스 분견대의 돈키호테 같은 원정은 호랑이 아가
리 속으로 뛰어드는 격이었다.

기원전 423년, 스파르타군 분견대를 이끈 브라시다스는 아테네의 자금줄인 암피폴리스의 항복을 손쉽게 받아냈다. 아테네 투키디데스의 부대는 브라시다스가 장악한 암피폴리스를 탈환하는 데 실패했다. 이로써 은광에 의존했던 아테네에게 남은 은 수입원은 모두 사라졌다. 고정된 수입원을 잃은 아테네는 점점 더 주변국을 쥐어짜고 더 많은 빚에 의존하게 되었다. 암피폴리스 전투의 패배로 돈줄이 끊긴 아테네는 결국 스파르타에 항복하고 말았다.

돈싸움이 된 그리스 전쟁

고대 그리스의 전쟁은 본래 단기간에 치러졌다. 밀과 올리브, 포도 등의 작물 재배가 중요했던 탓에 전쟁을 오래 끌 수 없었다. 그럼에도 무력 사용은 도시국가 사이 분쟁 해결을 위해 피치 못할 일로 간주되었다. 어차피 한번 싸울 거라면 최대한 빨리 결판을 내는 게 모두에게 유리했다. 양측은 각각 밀집방진을 구성해 단판 승부를 냈다. 서로의 농사에 피해가 가지 않도록 가능하면 빈 공터에서 회전을 벌였다. 힘에 밀려 대열이 무너지면 지는 거였다. 팔랑크스^{Phalanx}, 즉 밀집방진 간 대결은 초등학교 운동회의 차전놀이와 어떤 면으로는 비슷했다. 졌다고 상대방을 학살하거나 하는 일은 금기시되었다. 그리스인에게 전쟁은 일종의 예식과도 같았다.

경제는 늘 전쟁의 한계를 규정해왔다. 무력을 발휘하는 수단인 무기와 군대는 당대의 기술과 경제 수준에 의해 주어졌다. 결정적인 요소 중 하나는 인구였다. 2차 펠로폰네소스 전쟁 초반 장벽 내에서 농성하는 아테네의 전략에는 명암이 공존했다. 성벽을 타개할 수단이 없는 스파르타군의 공격을 막아내는 데는 효과적이었지만 전염병이 돌기 좋은 환경이기도 했다. 실제로 기원전 430년 아테네는 역병으로 인해 3만 명가량의 성인 남자를 잃었다. 이는 당시 아테네 성인 남자의 반 정도였다. 이때의 인구 손실은 두고두고 아테네의 발목을 잡았다.

고대 그리스에서 경제를 지칭하는 단어는 오이코노미아^{oikonomia}였다. 집을 뜻하는 오이코스^{oikos}와 관리를 뜻하는 네메인^{nemein}이 합쳐진 오이코노미아는 글자 그대로 집안일 관리를 의미했다. 즉, 끼니를 놓치지 않고 옷 등의 물품을 관리하고 분배하는 일이 바로 오이코노미아였다. 20세기 중반까지 미국 등에서 홈이코노믹스$^{home\ economics}$라는 단어는 요리와 바느질을 가리켰다. 경제란 결국 먹고 사는 문제였다.

2차 펠로폰네소스 전쟁은 그리스가 과거에 치렀던 여타 전쟁과 달랐다.

전쟁이 장기화되면서 총력전 양상으로 바뀌었다. 예전에 준수하던 관습은 내팽개쳤다. 자신의 영토 대부분을 지키고 있던 스파르타에게는 큰 타격은 아니었다. 그러나 아테네는 사정이 달랐다. 곡물 생산이 어려워지면서 무역으로 번 돈으로 곡물을 수입해야 했다. 게다가 스파르타의 중장보병에 비해 아테네의 함대는 건조 및 유지비용이 훨씬 컸다.

아테네, 전비 대느라 동맹국의 민심을 잃다

아테네의 돈 조달 방안은 크게 네 가지였다. 첫 번째 수입원은 은광이었다. 아테네 남쪽에는 오래된 은광 라우리온Laurion이 있었다. 전쟁 전 아테네는 이로부터 매년 약 100탈란톤talanton의 은을 얻었다. 또한 암피폴리스Amphipolis 근방의 은광도 소유했다.

두 번째 수입원은 델로스 동맹 소속 도시국가들로부터 받는 돈이었다. 아테네는 지역 내 평화 유지에 필요하다는 명목으로 조공을 강요했다. 즉, 일종의 방위비 분담금이었다. 2차 펠로폰네소스 전쟁 발발 전에는 매년 평균 480탈란톤을 걷었다. 그러다 전쟁이 시작된 기원전 431년에는 600탈란톤으로 올렸고, 기원전 429년부터는 1,300탈란톤을 받아갔다.

세 번째 방법은 국채 발행이었다. 쉽게 말해 빚을 지는 거였다. 아테네는 매년 평균 600탈란톤을 다른 도시국가나 니케아Nicaea 등으로부터 빌렸다. 전쟁이 장기화되면서 갚아야 할 이자와 원금이 눈덩이처럼 불어났다.

마지막 네 번째 방법은 세금 부과였다. 처음에는 직접 부과하던 조공을 폐지하고 아테네를 통과하는 모든 물품에 5퍼센트의 관세를 물렸다. 그걸로도 돈이 부족하자 기원전 410년부터는 조공을 다시 부활하면서 관세를 10퍼센트로 올렸다. 델로스 동맹 소속 도시국가들은 이제 아테네를 맹주로 여기기보다는 삥이나 뜯어가는 불량국가로 간주하기 시작했다.

현재의 약 26킬로그램에 해당하는 1탈란톤은 당시 돈 6,000드라크마

drachma에 해당했다. 주력함선 트리레메^{trireme} 한 척을 운용하는 데 필요한 200명의 노잡이들은 하루에 각각 1드라크마씩 일당을 받았다. 즉, 함선 한 척을 운용하는 연간 비용이 12탈란톤이었다. 100척이 넘는 트리레메를 운용했던 아테네 해군은 매년 1,200탈란톤 이상을 써없앴다. 실제로 27년의 전쟁 기간 동안 아테네는 매년 평균 1,527탈란톤을 전쟁비용으로 지출했다.

스파르타와 아테네는 둘 다 노예 없이는 경제가 돌아가지 않는 노예제 국가였다. 아테네의 민주제는 소수의 아테네 성인 남자만을 위해 존재했다. 내적으로는 여자들의 권리를 철저히 무시했고, 외적으로는 주변 도시 국가 사람들을 노예로 부렸다. 아테네 여자들은 교육에서 배제되었고 재산의 보유와 처분에 제약이 컸으며 심지어 여자 아이에게는 열등한 음식만 줬다. 그에 비해 스파르타 쪽이 좀 더 인간적이었다. 스파르타 여자들은 남자와 거의 같은 교육을 받았고 재산 보유에도 제약이 없었으며 음식의 차별도 없었다.

은광을 잃은 아테네의 최후

아테네의 바람이 무색하게 브라시다스는 손쉽게 암피폴리스의 항복을 받아냈다. 투키디데스의 부대는 브라시다스가 장악한 암피폴리스를 탈환하는 데 실패했다. 이로써 아테네에게 남은 은 수입원은 모두 사라졌다. 고정된 수입원을 잃은 아테네는 점점 더 주변국을 쥐어짜고 더 많은 빚에 의존하게 되었다. 이것으로 전쟁의 향배는 결정된 것이나 다름없었다.

암피폴리스 전투는 한 가지 미리 예측하기 어려운 결과를 가져왔다. 아테네의 민주정부는 패전의 책임을 물어 투키디데스의 시민권을 박탈하고는 추방했다. 이제 투키디데스는 비시민 자유인으로서 전장을 돌아다니며 구경하고 기록을 남겼다. 오늘날까지 전해지는 『펠로폰네소스 전쟁사』

가 그것이다. 즉, 그는 실패한 군인에서 이름을 남긴 역사가로 변신했다.

아테네의 착취를 더 이상 견딜 수 없었던 델로스 동맹 소속 도시국가들은 기원전 405년 아고스포타미^{Aegospotami} 해전에서 아테네 함대가 리산데르^{Lysander} 가 지휘하는 스파르타 함대에 괴멸되자 곧바로 아테네에게 등을 돌렸다. 우방국과 함대를 모두 잃은 아테네는 다음 해 결국 스파르타에 항복했다. 이후 아테네는 다시는 예전의 영광을 되찾지 못했다. 승자인 스파르타도 힘이 소진되기는 매일반이었다. 전쟁 말기에 페르시아와 상호 방위조약을 맺고 페르시아 해군을 이용해 아테네를 공격할 정도였다. 페르시아의 "나누고, 지배하라" 전략에 말려든 그리스는 이후 마케도니아의 알렉산드로스^{Alexandros}가 등장할 때까지 지리멸렬한 상태로 지냈다.

10

나폴레옹을
상대하기 위한
영국의 비밀무기는?

프랑스 시민혁명에 놀란 유럽 왕정국가들은 혁명사상이 자국에 파급될까 두려워 여러 차례 대(對)프랑스 동맹을 맺고 혁명 전파 차단에 나섰다. 위 그림은 쿠데타로 집권한 나폴레옹의 프랑스군과 2차 대프랑스 동맹에 가담한 오스트리아군이 1800년 이탈리아에서 격돌한 마렝고 전투(Battle of Marengo)를 묘사한 그림으로, 프랑스 군인이자 화가인 루이 프랑수아 르쥔(Louis-François Lejeune)의 1802년 작품이다.

혜성처럼 등장한 나폴레옹에 의해 붕괴된 1차 대프랑스 동맹

1792년 프랑스 주변의 모든 왕정국가들은 1차 대對프랑스 동맹을 맺고 왕을 폐한 프랑스를 짓밟으려 했다. 오스트리아, 프로이센, 영국, 스페인을 비롯해 오스트리아의 지배하에 있던 네덜란드, 포르투갈 및 이탈리아 반도의 여러 왕국과 공국 등이 프랑스의 반대편에 섰다. 프랑스의 우방은 단 하나도 없었다. 독립전쟁 때 파병의 도움을 받은 미국조차 원군을 보내기를 거부했다. 프랑스는 1793년 1월 21일, 루이 16세Louis XVI를 처형하고 전의戰意를 다졌다. 서전緖戰에는 일방적으로 밀렸지만 자유, 평등, 우애를 내세운 프랑스군은 서서히 실지失地를 회복했다. 특히 1796년 혜성처럼 등장한 나폴레옹 보나파르트Napoléon Bonaparte가 열세였던 이탈리아 전선을 휘저으면서 프랑스를 압살하려는 1차 동맹이 깨졌다.

약 8개월간의 소강상태는 나폴레옹이 영국이 지배하던 이집트 원정에 나서면서 끝이 났다. 2만 9,000명의 나폴레옹 부대는 원정길에 시칠리아 Sicilia 밑에 위치한 섬 몰타Malta를 공격했다. 1530년 이래로 몰타를 지배해온 병원기사단(예루살렘 순례객을 구호하는 병원에서 기사단이 출범한 데서 유래한 명칭) 병력은 7,000명에 불과했다. 게다가 대대수를 차지하는 프랑스기사들은 프랑스군과 싸우기를 거부했다. 결국 항복한 병원기사단의 그랜드 마스터는 연금을 약속받고 섬을 떠났다. 이는 병원기사단의 명예대표인 러시아 황제 파벨 1세Pavel I를 화나게 했다.

1798년 구체제 왕국들은 프랑스를 굴복시키기 위한 2차 동맹을 결성했다. 1차 동맹국 중 스페인은 프랑스의 속국이 되었고 프로이센은 중립을 지켰다. 프로이센은 프랑스와 라인강을 기준으로 땅을 나누기로 한 데다가 동쪽의 폴란드를 삼키느라 바빴다. 대신 화가 난 러시아가 프로이센의 자리를 메웠다. 같은 시기에 미국은 프랑스와 별개의 전쟁을 치렀다. 미국독립전쟁 때 프랑스가 빌려준 돈을 미국이 갚지 않아 벌어진 전쟁이었다. 미국은 돈을 빌려준 주체가 프랑스 왕이라 왕이 없는 프랑스에는 돈을 갚을 수 없다는 논리를 폈다. 미국인들은 독립 후 조지 워싱턴George Washington에게 왕이 되어달라고 간청했었다.

수세에 몰린 영국이 꺼내든 '소득세'라는 비책

2차 동맹국 중 가장 신경을 곤두세운 왕국은 영국이었다. 영국은 점령지였던 이집트뿐만 아니라 1차 동맹 말기에 본토도 공격받았다. 1797년 2월 22일, 1,400명으로 구성된 프랑스군은 웨일즈Wales 서부인 피쉬가드 Fishguard에 상륙했다. 반면 이에 맞선 영국군은 동네 아저씨까지 긁어 모아도 700명이 전부였다. 그럼에도 프랑스군을 지휘한 미국인 윌리엄 테이트William Tate는 이틀간 전투 후 항복했다. 현재까지도 피쉬가드 전투Battle of Fishguard는 외국군이 영국섬에 발을 디딘 마지막 전투였다.

소득세는 영국 수상 윌리엄 피트(William Pitt the Younger)가 프랑스 혁명 전쟁에 맞서 무기와 장비를 구매하기 위한 비용을 충당할 목적으로 1798년 12월에 최초로 도입했다. 이처럼 국민이 소득세를 내기 시작한 것도 바로 전쟁 때문이다.

당시 전 세계에 제국을 구축한 영국의 본토 인구는 1,000만 명 정도였다. 반면 프랑스의 인구는 2,600만 명 이상이었다. 육상 전투에서 프랑스 병사의 강인함은 이전 루이 14세$^{Louis\ XIV}$ 때부터 유럽 최고 수준이었다. 하물며 억지로 끌려온 병사들로 구성된 구체제 군대는 자발적으로 싸우는 혁명 프랑스군의 상대가 되기 쉽지 않았다. 병력 손실이 똑같아도 영국이 프랑스보다 더 타격이 컸다. 영국으로서는 이를 타개할 대책이 필요했다.

영국의 대책은 바로 소득세였다. 보다 더 많은 함선과 무기로써 프랑스를 압박하기 위한 목적이었다. 소득세는 1798년 말에 부과가 결정되어 1799년부터 부과되기 시작했다. 통념과 달리 당시 소득세는 낯선 개념이었다. 이전까지 소득세는 어느 나라에서도 부과된 적이 없었다.

전쟁이 있는 곳에 세금 있다

고대의 세금은 크게 두 종류였다. 하나는 부역이었고, 다른 하나는 공납이었다. 부역은 강제로 부과된 노동이었다. 사람들은 주로 토목공사나 경작에 동원되었다. 귀족이나 성직자와 같은 특권층은 대개 부역이 면제되었다. 공납은 임의로 할당된 물품을 납부해야 하는 의무였다. 가령, 금이 많이 나면 금 일정량, 곡물이 많이 나면 곡물 일정량을 걷었다. 왕정에 보내는 양보다 더 많은 양을 수탈하는 공납 징수관리는 흔하디 흔했다. 이른바 세리稅吏는 왕 빼고 모두가 증오하는 존재였다.

중세에는 새로운 형태의 세금이 추가되었다. 이름하여 인두세人頭稅였다. 글자 그대로 사람 머릿수대로 내는 세금이었다. 이슬람에서 유래된 인두세는 1275년 영국에 최초로 도입되었다. 도입 목적은 언제나 그랬듯 전쟁 때문이었다. 기존의 부역과 공납에 추가된 인두세는 전혀 인기가 없었다. 1381년의 인두세 징수는 와트 타일러Wat Tyler의 농민혁명을 불러일으켰다. 영국은 17세기에 인두세를 다시 걷으려고 시도했다가 결국 1698년에 포기했다.

영국 왕정이 세금을 전적으로 포기할 리는 없었다. 1662년에는 이른바 벽난로세를 신설했다. 도망가거나 숨는 사람보다 집에 있는 벽난로가 세기 쉽다는 이유였다. 1689년 잉글랜드의 벽난로세는 폐지되었지만, 스코틀랜드와 아일랜드의 벽난로세는 이후로도 지속되었다. 대신 잉글랜드는 1696년 창문세를 새로 도입했다. 벽난로는 집 안으로 들어가야 확인할 수 있는 반면, 창문은 집 밖에서도 확인이 가능했다. 이외에도 왕정은 벽돌세, 유리세, 벽종이세 등을 추가했다.

말하자면 소득세는 새로운 세금을 징수할 명목을 찾으려는 영국의 고육지책이었다. 소득이 60파운드를 넘으면 1파운드당 2펜스를, 200파운드를 넘으면 1파운드당 2실링을 내야 했다. 1파운드는 20실링과 같고, 1실링은 12펜스와 같았다. 즉, 세율이 60파운드 이상에서는 1퍼센트에 약간 못 미쳤고, 200파운드 이상에서는 10퍼센트였다. 영국의 소득세는 워털루 전투Battle of Waterloo에서 나폴레옹이 패배한 후인 1816년 폐지되었다가 1842년에 부활된 후 다시는 없어지지 않았다.

　미국에 소득세가 생긴 이유도 전쟁 때문이었다. 애초 미국인들은 세금을 혐오했다. 영국으로부터 독립하겠다는 이유도 영국이 부과한 세금 때문이었다. 아메리카 식민지의 모든 출판물에 세금을 물리는 영국의 1765년 인지법은 "대표 없으면 세금도 없다"는 저항을 불러일으켰다. 1775년의 보스턴 차 사건은 1773년 차법에 대한 반발이었다. 그랬던 미국은 남북전쟁이 발발한 지 약 4개월 후인 1861년 8월 5일, 소득세 부과를 결정했다. 소득이 800달러를 넘으면 세율 3퍼센트가 적용되었다.

돈에 힘입은 전과는 미미했다

소득세로 보강된 영국군은 1799년부터 공세에 나섰다. 8월에는 러시아군과 합동으로 프랑스 지배하의 네덜란드에 상륙했다. 상대적 병력 우위에도 불구하고 영국-러시아 연합군은 수세에 몰려 11월 도망치듯 후퇴했다. 이때 평생 무패를 자랑한 러시아의 알렉산드르 수보로프Aleksandr Vasilievich Suvorov가 병사하며 러시아가 전열에서 이탈했다. 그나마 시리아를 노린 나폴레옹 부대의 공격을 막아냈다는 게 영국의 입장에서는 성과였다. 나폴레옹은 부대를 버려두고 프랑스로 돌아와 통령이 되었다.

　1801년 영국 육군은 오스만군과 힘을 합쳐 카이로Cairo와 알렉산드리아Alexandria를 차례로 탈환했다. 이집트를 점령했던 프랑스 부대는 결국 항복했다. 반면 영국 해군은 생각지 않던 새로운 적을 상대해야 했다. 중립을 선언한 프로이센, 러시아, 덴마크, 스웨덴의 4개국은 해상을 통해 프랑스와 교역을 계속했다. 하이드 파크가 지휘하는 영국 함대는 덴마크의 수도 코펜하겐Copenhagen 항을 습격했다. 전술적 승리를 거두기는 했지만 피해도 적지 않았다.

　영국은 1802년 3월 25일 프랑스와 아미앵 조약Treaty of Amiens을 맺었다.

왕이 없는 프랑스를 국가로 인정한다는 의미였다. 아미앵 조약에는 몰타에서 영국군이 철수하고 중립적인 병원기사단에게 되돌려준다는 조항이 있었다. 영국은 일방적으로 철군을 거부하며 전쟁을 준비했다. 1년이 넘는 정전 기간에도 영국은 소득세를 계속해서 징수했고, 1803년 5월 18일 프랑스에게 다시 선전포고했다.

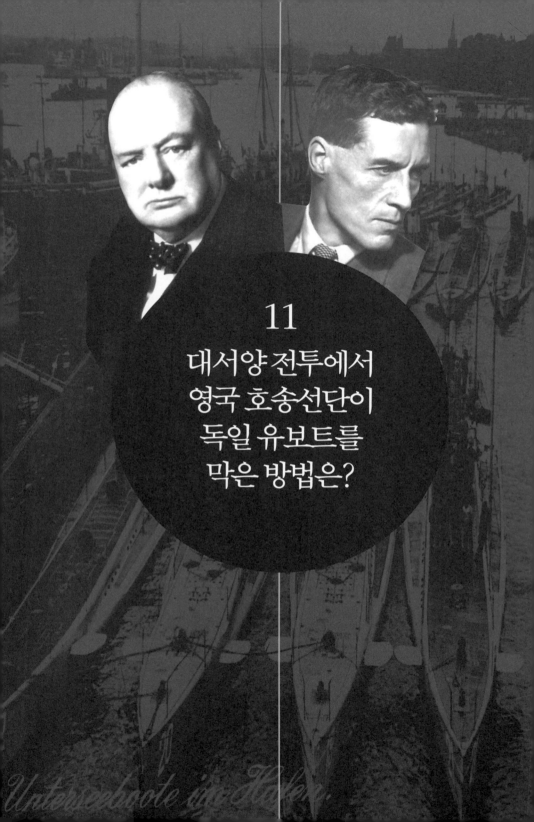

11
대서양 전투에서 영국 호송선단이 독일 유보트를 막은 방법은?

영국에게 독일 유보트는 큰 골칫거리였다

1939년 9월 1일, 독일이 폴란드를 침공하면서 2차 대전이 시작되었다. 체코슬로바키아를 독일에 넘기는 뮌헨 협정으로 평화를 확보했다고 믿었던 영국과 프랑스는 제대로 뺨을 맞았다.

체코슬로바키아는 독일에게 합병당할 나라가 아니었다. 성능이 우수한 독자 모델의 전차가 있을 정도로 공업화가 잘되어 있고 40개 사단을 보유한 체코슬로바키아는 오스트리아군을 포함해도 48개 사단이 전부인 독일과 전력상 거의 대등했다. 그런 체코슬로바키아를 영국과 프랑스가 체코슬로바키아의 의향은 전혀 고려하지 않고 독일에 넘겼던 것이다.

무력침공을 중단하라는 최후통첩이 무시되자 프랑스와 영국은 9월 3일 독일에 선전포고했다. 프랑스군은 9월 7일 독일 영토인 자르Saar로 진입했지만 속도가 느렸다. 폴란드군이 분투하는 동안 할힌골 전투Battles of Khalkhin Gol에서 일본군 궤멸을 마무리한 소련군이 9월 17일 폴란드 동부를 침공했다. 10월 6일 폴란드군이 항복하면서 당장의 지상전은 마무리되었다.

그러나 영국과 독일 사이의 이른바 '대서양 전투'는 중단되지 않았다. 바다로 둘러싸인 영국에게 독일 해군과 치른 대서양 전투는 너무나 중요한 전투였다. 해상 전력이 상대적으로 약했던 독일 해군은 유보트U-boat, 즉 잠수함으로 영국 상선 공격하기를 주된 작전으로 삼았다. 영국의 선전포고 후 10시간 뒤 독일 해군 잠수함 U-30은 영국 리버풀Liverpool에서 캐나다 몬트리올Montreal로 항해하던 1만 3,000톤급 수송선 아테니아Athenia를 격침했다. 독일은 아테니아 침몰 당시 어떤 유보트도 주변에 있지 않았으며, 미국을 전쟁에 끌어들이기 위해 벌인 영국의 자작극이라고 주장했다.

값비싼 항모를 유보트 제거에 투입한 수지 안 맞는 작전

유보트의 공격으로부터 수송선을 보호하기 위한 영국 해군의 첫 번째 전

1939년 9월 3일, 영국이 독일에 선전포고한 직후 대서양에서 초계 활동 중이던 독일의 U-30이 무장상선으로 추정되는 영국 선박을 발견하고는 어뢰를 발사하여 격침시킨다. 그러나 이 배는 무장상선이 아닌 캐나다로 향하던 수송선 아테니아였다. 독일은 아테니아 침몰 당시 어떤 유보트도 주변에 있지 않았으며, 미국을 전쟁에 끌어들이기 위해 벌인 영국의 자작극이라고 주장했다.이는 영국을 오래도록 괴롭힐 대서양 전투의 서막이었다. 사진은 구명보트에 탄 아테니아 승객들이 미국 증기화물선 시티 오브 플린트(City of Flint)에 의해 구조되는 장면을 찍은 것이다.

술은 항공모함전단을 수송선이 정기적으로 오가는 대양 항로에 투입하는 것이었다. 이 전술의 주창자는 체임벌린Arthur Neville Chamberlain 내각의 해군장관으로 20여 년 만에 복귀한 윈스턴 처칠Winston Churchill이었다. 처칠의 전술은 일리가 있어 보였다. 2차 대전 초기의 잠수함은 보다 정확하게는 '잠수도 가능한 군함'이었다. 보통 때는 수상함정처럼 물 위를 떠다니다가 공격 대상을 발견한 후에야 물 밑으로 잠항해 어뢰를 발사했다. 그렇게 할 수밖에 없었던 이유는 장시간 잠항이 불가능해서였다. 따라서 구축함 등을 거느린 항모전단이 정기 항로를 순찰하면서 물 위에 떠 있는 독일군 유보트를 발견해 제압하는 것이 가능하리라고 생각했던 것이다.

정치인으로서는 몰라도 군사 문제에 관한 한 처칠은 손대는 일마다 망치는 마이너스의 손에 가까웠다. 처칠의 생각과는 달리 항모전단이 유보트를 발견하기보다는 유보트가 항모전단을 발견하는 일이 더 쉬웠다. 항모에 비해 유보트의 크기가 훨씬 작은 탓이었다. 물론 항모에 탑재된 항공기는 항모보다 더 먼 거리에서 물 위에 떠 있는 유보트를 발견할 수 있었다. 그러나 발견했다 하더라도 유보트를 공격할 마땅한 방법이 없다는 것이 큰 문제였다. 직접 공격하는 대신 아군을 호출해도 구축함 도착 전에 유보트가 잠항해 유유히 도망쳐버리기 일쑤였다.

일례로 1939년 12월 3일 영국 해안경비대는 에섹스Essex주 하리치Harwich 근해에서 잠수함을 발견하고는 곧장 공격에 나섰다. 폭격은 지극히 정확했다. 폭탄은 잠수함의 전망탑을 직격으로 강타했다. 잠수함을 상대로 한 영국 해안경비대의 최초의 전과였다. 잠수함은 전망탑의 전구 4개가 깨지는 피해를 입었다. 그러나 실망스럽게도 폭탄은 터지지 않았다. 그런데 독일군 유보트로 오인했던 잠수함은 알고 보니 영국 해군 잠수함 스내퍼Snapper였다. 그나마 폭탄이 터지지 않은 것이 천만다행이었다. 이처럼 당시 영국 군용기에는 잠수함을 공격할 만한 효과적인 무기가 없었다.

값비싼 항모를 대잠전에 투입하는 일은 경제적 이득과 손실의 관점에서도 수지가 맞지 않았다. 글자 그대로 빈대 잡으려다 초가 태우는 격이었다. 예를 들어, 1939년 9월 14일, 영국 항공모함 아크 로열Ark Royal은 가까스로 U-39의 선제 어뢰공격을 피했다. 아크 로열의 호위구축함은 수중의 U-39를 폭뢰로 공격해 수면으로 떠오르게 만들었다. 아크 로열은 운이 좋은 편이었다. 3일 후인 9월 17일, 또 다른 항모 커레이저스Courageous는 U-29에 의해 격침되었다. 귄터 프린이 지휘하는 U-47은 10월 14일, 영국 해군의 모항 스캐퍼 플로우Scapa Flow에 잠입해 전함 로열 오크Royal Oak를 침몰시키곤 무사히 귀환했다.

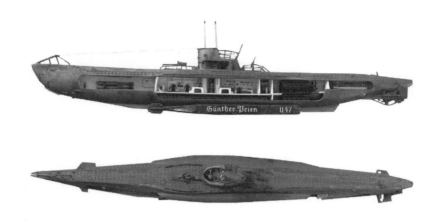

권터 프린이 지휘하는 U-47은 1939년 10월 14일, 영국 해군의 모항 스캐퍼 플로우에 잠입해 전함 로열 오크를 침몰시키고는 무사히 귀환함으로써 영국과 독일을 놀라게 했다. 위 그림은 U-47의 단면도이고 아래 그림은 U-47를 위에서 내려다본 모습이다.

상선 피해 줄이기 위한 수학적 분석 통해 탄생한 영국의 호송선단

1940년 5월 10일, 새로운 영국 수상이 된 처칠은 곧바로 미국에 구축함 50척을 공여해줄 것을 요청했다. 그렇게 얻은 구축함을 항모 대신 대잠전에 투입하려는 생각이었다. 그보다 더 중요한 사실은 영국 육군 방공사령관 프레더릭 파일Frederick Alfred Pile이 맨체스터빅토리아대학 물리학 교수 패트릭 블래킷Patrick Blackett을 자문역으로 받아들였다는 것이었다. 블래킷은 군사작전을 수학적으로 분석하는 이른바 '작전연구'를 영국군에서 주도했다.

블래킷의 작전연구 그룹은 상선의 피해를 줄이는 수학적 원리를 찾으려 했다. 작전연구 그룹은 상선이 개별적으로 항해하지 말고 선단을 구성해 대서양을 건너는 방안을 우선 내놓았다. 상선이 개별적으로 다니든 선단으로 다니든 무작위적으로 잠복해 있을 유보트를 만날 확률은 큰 차이가 없었다. 차이가 나는 부분은 한 척의 호위구축함이 지킬 수 있는 상선의 수였다. 혼자 다니는 쪽보다는 선단을 구성한 쪽이 호위구축함이 지킬

1940년 5월 10일, 영국 수상이 된 처칠(왼쪽 사진)은 곧바로 미국에 구축함 50척을 공여해줄 것을 요청했다. 그렇게 얻은 구축함을 항모 대신 대잠전에 투입하려는 생각이었다. 한편 영국 육군 방공사령관 프레더릭 파일 은 맨체스터빅토리아대학 물리학 교수 패트릭 블래킷(오른쪽 사진)을 자문역으로 받아들였다. 군사작전을 수 학적으로 분석하는 블래킷의 작전연구 그룹은 상선이 개별적으로 항해하지 말고 호송선단(아래 사진)을 구성 해 대서양을 건너는 방안을 내놓았다.

수 있는 상선의 수가 더 많았다. 영국은 즉시 호송선단convoy을 구성하기 시작했다.

영국의 호송선단에 맞선 독일의 늑대떼 전술

영국이 호송선단을 편성하자 독일 해군의 좋은 시절은 간 듯했다. 홀로 다니는 비무장 상선에 비해 호송선단은 공격하기 까다로운 상대였다. 수면 아래에서 호송선단을 선제공격하면 이내 구축함이 폭뢰를 터뜨리며 따라붙었다. 설혹 호위구축함의 공격을 따돌린다 해도 그러다 보면 수송선대가 도망을 쳤다. 속도가 느린 유보트가 도망가는 수송선대를 쫓아가기는 불가능했다. 그렇다고 구축함을 먼저 공격하기도 곤란했다. 교환비 관점에서 구축함 한 척 잡자고 유보트 한 척의 위치를 노출시키는 일은 결코 수지 맞는 작전이 아니었다.

독일 해군도 가만히 있지는 않았다. 독일 잠수함전대장 칼 되니츠Karl Dönitz는 예전처럼 흩어져서 항로를 지키되 호송선단이 발견되면 섣불리 공격하지 말고 주변의 유보트를 무전으로 불러 모아 한번에 공격하는 새로운 전술을 들고 나왔다. 일명 '늑대떼 전술Wolfpack'이었다.

늑대떼 전술의 효과는 높았다. 예를 들어, 1940년 9월, 수송선 43척과 호위함 5척으로 구성된 호송선단 HX 72는 유보트 3척의 공격을 받아 11척이 침몰되었다. 같은 해 10월, 수송선 35척과 호위함 5척으로 구성된 호송선단 SC 7은 유보트 7척의 공격을 받아 20척이 수장되었다. 반면, 유보트의 손실은 전무했다. 처칠이 자신의 회고록에서 "전쟁 기간 중 자신을 겁먹게 만든 유일한 것이 유보트에 대한 두려움"이라고 쓸 정도였다.

대서양 전투 승리의 숨은 공로자 블래킷의 작전연구 그룹

작전연구 그룹도 이에 지지 않았다. 얼마 안 가 늑대떼 전술에 대한 대응

방안을 내놓았다. 그 방안은 호송선단의 규모를 키우는 것이었다. 애초에 작전연구 그룹은 소규모 호송선단을 선호했다. 유보트가 아니라 3척의 도이칠란트급 중순양함 때문이었다. 베르사이유 조약Treaty of Versailles의 제약조건에 맞춰 독일이 1만 톤급 중순양함으로 설계한 도이칠란트급 중순양함에는 구경 28센티미터 함포 6문이 장착되어 있었다. 영국 언론은 덩치에 맞지 않는 전함급 주포가 장착되어 있는 도이칠란트급 중순양함을 조롱하는 의미로 '포켓 전함'이라고 불렀다. 고속항행이 가능하고 대구경 함포가 장착된 도이칠란트급 중순양함에 걸렸다가는 구축함이 지키는 호송선단이 순식간에 전멸될 수도 있었다. 그런데 어느 시점부터인가 도이칠란트급 중순양함의 위협이 그렇게 크지 않다고 영국 해군은 판단했다.

작전연구 그룹은 다양한 규모의 호송선단이 실제로 입은 피해 통계를 바탕으로 선단의 규모와 유보트에게 발견될 확률은 대체로 무관하다는 사실을 발견했다. 대규모 선단이라고 해서 더 쉽게 발견될 것이라는 걱정은 하지 않아도 되었던 것이다. 또한 유보트들은 전과를 극대화하기 위해 수송선단 외곽을 지키는 호위함대의 방어선을 뚫고 들어와 공격하기를 즐겨했다. 이 경우, 원둘레에 배치되는 호위함대의 밀도는 1차원인 데 반해 호위함대가 둘러싼 수송선대의 밀도는 2차원이었다. 즉, 선단이 커질수록 동일한 수의 구축함에 대한 수송효율과 방어효율이 올라갔다.

대서양 전투에서 작전연구 그룹이 기여한 일은 이외에도 한두 가지가 아니었다. 1943년 중반부터 대서양 전투의 저울은 확연하게 연합군 쪽으로 기울었다. 2차 대전 종전까지 연합군은 약 3,500척의 수송선을 잃으면서 783척의 유보트를 침몰시켰다. 최후의 승자는 연합군이었다.

12
러일전쟁에서 일본은 러시아에 승리하고도 왜 빚더미에 앉았나?

일본에게 러시아는 경제력 3배, 군사력 6배의 벅찬 상대

1904년 2월 8일 밤 10시 30분, 일본 연합함대의 구축함 10척이 러시아 극동함대의 모항 뤼순旅順을 급습했다. 어둠을 이용한 어뢰공격에 능했던 연합함대의 전형적인 수법이었다. 이로 인해 극동함대의 전함 2척과 방호 순양함 1척이 피해를 입었다. 극동함대의 주력을 뤼순에 가두는 데 성공한 일본군은 다음날인 9일 제물포 해전에서 2척의 극동함대 분견대를 자폭시키고 인천에 상륙했다. 한국과 만주를 두고 일본이 러시아를 상대로 일으킨 러일전쟁의 시작이었다.

1903년 내내 러시아와 일본은 협상을 벌였다. 러시아를 대하는 일본의 심경은 복잡했다. 1895년 청일전쟁을 이긴 일본이 랴오둥遼東 반도를 뺏자마자 러시아를 포함한 유럽 3개국이 개입해 원상회복시켰다. 나아가 러시아는 랴오둥의 항구도시 뤼순을 자신의 극동함대 모항으로 삼았다. 겨울에도 쓸 수 있는 태평양의 군항을 그토록 원했던 러시아의 소원이 저절로 이뤄진 격이었다. 이전까지 모항으로 쓰던 블라디보스톡Vladivostok은 완전한 부동항이 아니었다.

의화단의 난을 평계로 만주에 군대를 파병했던 러시아의 니콜라이 2세는 만주만으로는 양이 차지 않았다. 독일의 빌헬름 2세는 "하나님에 의해 선택된, 황인의 진격을 막을 백인의 구세주"라며 니콜라이 2세를 치켜세웠다. 일본은 만주는 러시아가, 한국은 일본이 나눠 갖자고 러시아에 제안했다. 러시아는 "만주는 전적으로 우리 것이고, 한국에 대한 일본의 경제적 권리는 인정하지만 그 이상의 정치적 권리는 인정 못 한다"고 선을 그었다. 나아가 평양과 원산을 잇는 북위 39도 이상의 한반도는 군사적 중립지대로 두자고 주장했다. 건설 중이던 시베리아 철도가 완공되면 동아시아 전체에 대한 군사적 지배가 가능하다는 판단이었다.

러시아는 일본이 상대하기에 여러모로 벅찬 상대였다. 전쟁 당시 일본의 인구 약 4,600만 명은 핀란드와 폴란드를 점령 중이었던 러시아의 인구 1억 4,600만 명의 30퍼센트 선이었다. 경제력 측면에서도 둘은 상대가 될 수 없었다. 한 나라의 경제 규모를 나타내는 지표로 흔히 사용되는 국내총생산GDP은 1934년 사이먼 쿠즈네츠Simon Kuznets가 제안한 개념으로 러일전쟁 당시에는 공식 데이터가 없었다. 그 당시 일본과 러시아의 국내총생산 추정치를 구해보면 당시의 영국 스털링 파운드sterling pound 가치 기준으로 일본은 약 7억 파운드, 러시아는 약 21억 파운드 정도 되었다. 경제력 측면에서도 당시 일본은 러시아의 30퍼센트 수준밖에 되지 않았다.

그러니 두 나라의 군사력 격차는 당연했다. 약 110만 명의 정규 육군을 가진 러시아는 당시 세계 최대 육군국이었다. 일본 육군은 정규군 18만 명에 예비군 85만 명을 더해야 러시아 육군에 근접했다. 물론 러시아도 마음만 먹으면 예비군 동원을 통해 육군 병력을 380만 명까지 늘릴 수 있었다. 해군력 차이도 확연했다. 전함 수에서 일본은 7척인 반면, 발트해, 흑해, 극동의 3개 함대를 보유한 러시아는 22척이나 되었다.

일본의 유일한 활로는 속전속결

군사적 관점에서 일본에게 유리한 점은 단 하나뿐이었다. 바로 지리였다. 광대한 영토를 가진 러시아 입장에서 동아시아는 결국 변방이었다. 러시아 육군의 주력은 유럽에 위치했고 극동에 위치한 부대는 14만 명 수준에 그쳤다. 적어도 초전에는 병력상의 우위를 일본군이 누릴 수 있었다. 해군도 일본 연합함대와 러시아 극동함대만 비교하면 대등했다. 보스포러스Bosporus 해협은 군사적 항행이 국제법상 금지라 흑해함대는 합류가 불가능했고 발트해함대가 극동함대와 힘을 합치려면 아프리카 남단 희망봉을 거치는 고된 항해를 해야 했다.

물론 이는 시간이 가면 사라질 한시적 우위였다. 시베리아 철도가 완공

러일전쟁 당시 일본군이 러시아 극동함대의 모항 뤼순을 공격하는 과정에서 투입한 28cm 곡사포. 공격에 투입된 일본 3군 소속 15만 명 중 최소 6만 명, 최대 11만 명의 전사자가 발생했고 3만 명 이상이 부상당했다. 일명 '반자이 돌격'의 원조가 바로 뤼순 전투였다.

되면 유럽의 러시아군은 신속하게 만주로 쏟아져 들어올 수 있었다. 발트해함대도 수개월 걸려 오지 말란 법이 없었다. 실제로 1904년 9월 니콜라이 2세는 발트해함대의 동아시아 이동을 명령했다. 전함 8척과 구형 전함 6척, 그리고 순양함 십수 척을 보유한 발트해함대는 명실상부한 러시아 해군의 에이스였다. 극동함대의 잔존 세력과 힘을 합치면 수적으로 연합함대를 능가했다.

일본의 결정은 "그렇게 되기 전에 전쟁 목표를 달성하자"였다. 그러려면 가진 힘을 한번에 쏟아부을 필요가 있었다. 병력의 집중은 당연했다. 별개로 존재하던 여러 함대를 합쳐 연합함대를 구성했다. 또 5만 명이 지키는 뤼순를 점령하기 위해 병력을 비인도적으로 갈아넣었다. 공격에 투입된 일본 3군 소속 15만 명 중 최소 6만 명, 최대 11만 명의 전사자가 발생했고 3만 명 이상이 부상당했다. 일명 '반자이 돌격'의 원조가 바로 뤼순 전투였다.

GDP의 16%를 전장에 쏟아붓다

또 다른 변수는 바로 돈이었다. 이미 얘기했듯이 일본의 경제력은 러시아의 상대가 되지 못했다. 단기간에 돈을 최대한 끌어 모아 승부를 내는 게 일본의 유일한 희망이었다. 전쟁비용(전비)은 전쟁에 이긴 후 배상금을 받으면 된다는 판단이었다. 실제로 일본은 청일전쟁 때 약 2.3억 엔을 쓰고 배상금으로 3.6억 엔을 받았다. 3.6억 엔은 청나라 연간 예산의 2.5배에 해당하는 돈이었다.

개전 시점에 러시아는 약 1.07억 파운드의 금을 보유했다. 여기에 더해 프랑스와 독일로부터 0.55억 파운드를 빌렸다. 러시아 국내에서 빌린 돈은 0.09억 파운드 정도였다. 즉, 러시아의 최대 전비는 1.71억 파운드였다.

반면 일본의 0.12억 파운드 금 보유고는 러시아의 약 10퍼센트 수준에 불과했다. 일본의 전쟁 지속 가능 여부는 얼마나 많은 빚을 국내외에서 얻을 수 있는가에 달려 있었다. 전쟁 기간 중 엔화 국채는 총 0.72억 파운드가량 발행되었다. 이보다 더 큰 빚은 영국과 미국에 판 0.82억 파운드의 외화 국채였다. 추가적으로 연간 세금수입이 약 0.19억 파운드였다. 이것들을 다 합치면 1.85억 파운드였다. 실제로 일본이 전쟁에 쓴 비용은 약 1.88억 파운드였다. 그중 빚이 83퍼센트 이상이었다. 일본은 러일전쟁을 위해 가진 곳간을 모두 털고도 모자라 추가적으로 세수 8년치의 빚을 져야 했다.

이 군사비가 얼마나 무리한 출혈인지는 국내총생산에 대한 군사비의 비율을 계산하면 알 수 있다. 약 19개월의 전쟁 기간을 감안할 때 연간 군사비의 국내총생산에 대한 비율은 러시아가 5.2퍼센트, 일본이 16.6퍼센트로 일본이 세 배 이상 높았다. 러시아의 30퍼센트 수준의 경제력에도 불구하고 일본이 오히려 전비를 조금 더 썼으니 이와 같은 결과는 당연했다.

통상적인 경우와 비교하자면 2015년 기준 전 세계 연간 군사비 대 국내총생산 비율은 2.2퍼센트였다. 평화 상태인 대부분의 나라에서 해당 비

러일전쟁 개전 직후인 1904년 4월 프랑스 신문 《르 프티 파리지앵(Le Petit Parisien)》에 게재된 만평 '거인 과 난쟁이의 전쟁'. 러일전쟁은 한반도에 대한 주도권을 둘러싸고 '난쟁이' 일본이 '거인' 러시아에게 도전한 무모한 전쟁이라는 서구의 시각이 반영되어 있다.

율은 1퍼센트에서 2퍼센트 초반 사이였다. 2015년 군사비 지출 상위 15 개국 중 9개국이 이 범위에 들었다. 이 비율이 3퍼센트보다 크면 강도의 차이는 있을지언정 어떤 형태로든 군사적 대치나 무력의 행사가 있다고 볼 수 있다. 특히 러일전쟁 당시 일본과 같은 수준의 군사비 지출을 지속 할 수 있는 국가는 없었다.

1905년 9월 미국의 중재로 미국 뉴햄프셔주의 군항 포츠머스에서 열린 강화회의에 참석한 러시아와 일본의 대표단. 승전국 일본은 막대한 전비 지출을 만회할 배상금을 받지 못한 채 뤼순과 사할린을 얻는 데 만족해야 했다.

'거인' 러시아 쓰러뜨리고 '빚더미'에 앉은 일본

1905년 5월 27일 쓰시마 해전에서 연합함대가 항해에 지친 발트해함대를 격멸하자 일본과 러시아 모두 종전을 희망했다. 일본은 더 이상 전쟁을 지속할 경제력이 없었고, 러시아는 더 이상 전쟁을 지속할 정치력이 없었다. 특히 러시아는 1905년 1월 22일 상트페테르부르크Saint Petersburg의 시위대를 향해 군대가 발포한 '피의 일요일' 이후 전국에서 혁명이 진행 중이었다. 6월 27일에는 흑해함대 소속 전함 포템킨Potemkin에서 썩은 고기 수프를 강제로 먹으라고 명령하던 장교들을 수병들이 죽이는 일까지 벌어졌다.

전쟁에 승리했다고 생각한 일본은 가장 우호적이라 판단한 미국에 종전협정 중재를 맡겼다. 6월 12일 미국 대통령 시어도어 루즈벨트Theodore Roosevelt는 양국의 강화를 주재하겠다고 발표했다. 일본은 1.23억 파운드의 배상금을 받기를 원했다. 전비 전부는 아니어도 대부분의 빚을 갚을 수 있는 돈이었다. 루즈벨트는 제대로 일본의 뒤통수를 쳤다. 배상금을 한 푼도 못 주겠다는 러시아 편을 들었던 것이다. 결국 일본은 배상금 없이 뤼순과 사할린 군도 남쪽을 갖는 걸로 만족해야 했다. 이때 생긴 미국에 대한 일본의 악감정은 1941년 태평양전쟁 개전까지 두고두고 이어졌다.

13
비스마르크해 전투에서 미 5공군은 최악의 최선화 관점에서 어떤 결정을 내렸나?

미군이 얻은 불완전한 정보

1943년 2월 7일 밤, 일본 8함대 소속 구축함대는 일본 17군의 마지막 잔여 병력을 싣고 과달카날섬Guadalcanal I.을 탈출했다. 이로써 약 6개월간 남태평양의 섬 과달카날을 두고 벌인 전투의 최종 승자는 미군이 되었다. 이는 태평양전쟁에서 미군이 일본군을 이긴 최초의 육상 전투였다. 그럼에도 일본 구축함대가 병력을 증원하러 왔다고 착각한 미군은 탈출하는 17군을 공격할 엄두를 내지 못할 정도로 일본군의 세력은 여전히 강했다.

일본은 20사단, 41사단, 51사단의 3개 사단으로 구성된 18군을 뉴기니에 배치하기로 결정했다. 뉴기니를 점령한 후 오스트레일리아로 진격한다는 일본군의 계획은 1942년 6월의 미드웨이 해전Battle of Midway 패배에도 불구하고 유지되었다. 1943년 1월부터 일본군 수송선단은 뉴브리튼New Britain의 라바울Rabaul로부터 뉴기니New Guinea의 여러 항구로 18군의 병력을 실어 날랐다. 구체적인 목적지는 뉴기니 북부의 웨와크Wewak, 북동부의 마당Madang, 동부의 라에Lae 등 세 곳이었다. 2월 말까지 20사단과 41사단 주력이 뉴기니에 도착했다. 이제 51사단 주력이 이동할 차례였다.

미군은 뉴기니의 일본군 병력 강화를 모르지 않았다. 3개 전투비행전대와 5개 폭격비행전대로 구성된 미 5공군은 오스트레일리아 방어를 위해 사령부를 브리스번Brisbane에 두었다. 그중 35전투비행전대, 49전투비행전대, 43폭격비행전대는 뉴기니의 포트모르즈비Port Moresby에 전진 배치되어 있었다. 미 5공군은 1943년 1월과 2월 뉴기니로 향하는 일본군 수송선단을 상대로 미미한 전과를 올리는 데 그쳤다. 100대가 넘는 항공기로 총 416번을 출격했지만 수송선 2척을 격침한 게 전부였다. 이런 식의 순탄한 증원이 계속된다면 뉴기니를 일본군에게 잃지 말란 법이 없었다.

1943년 2월 14일, 미 5공군의 정찰기는 라바울Rabaul에 79척의 함선이 정박해 있음을 발견했다. 그중 45척이 수송선이었다. 2월 22일, 정찰기는 라바울의 수송선 수가 59척으로 늘어났다고 보고했다. 또 다른 수송작전이 한참 준비 중이라는 분명한 징후였다. 연합군은 일본군의 암호를 해독한 결과 3월 초에 뉴기니로 병력 수송이 예정되어 있음을 확인했다.

이 정찰과 첩보로도 모든 문제가 해결되지는 않았다. 우선 수송 시점을 정확하게 특정할 수 없었다. 이를 테면, 어느 암호문에서는 3월 5일을, 다른 암호문에서는 3월 12일을 뉴기니 도착일이라고 얘기했다. 서로 상충하기에 암호문 모두의 진위 여부를 확신하기가 어려웠다. 더 큰 문제는 목적지였다. 연합군이 해독한 암호문은 뉴기니의 웨와크, 마당, 라에를 모두 언급했다. 뉴기니로 간다는 사실을 알아도 그중 어디로 향하는지를 모른다면 수송선단에 대한 공격 효율은 떨어질 수밖에 없었다.

어떤 항로를 지킬 것인가

일본군 수송선단을 반드시 발견할 수 있는 방법이 있기는 했다. 바로 전투기와 폭격기를 골고루 나눠 3개의 항로를 모두 지키는 방법이었다. 그러나 이 방법에는 심각한 문제가 있었다. 전체 전력의 3분의 1만 공격에 투입되고 나머지 3분의 2는 허탕을 치기 때문에 일본군 수송선단에 큰 피해를 입히기가 어렵다는 것이었다. 앞선 1, 2월달에 일본군 수송선단에 대한 미 5공군의 전과가 미미했던 것도 바로 이 이유 때문이었다. 이제 전력을 분산하지 말고 하나로 집중해야 한다는 판단은 당연했다.

미 5공군이 보기에 세 곳의 항구 중 웨와크의 가능성은 무시할 만했다. 이미 두 차례에 걸쳐 수송이 이뤄진 데다가 제일 북쪽이라 뉴기니의 전선에 투입되는 데 시간이 더 걸렸다. 또 웨와크에는 뉴기니에서 제일 큰 일본군 비행기지가 있었다. 따라서 라바울에서 아예 북서 방면으로 항해해 웨와크로 향하는 수송선단을 공습하는 것은 여러모로 무리였다. 결과적으로 미 5공군이 노릴 수 있는 항로는 동서로 길게 뻗은 뉴브리튼의 북부 해안선을 따라 내려오는 북부 항로와 남부 해안선을 따라 내려오는 남부 항로의 두 가지였다.

라바울에서 마당까지의 북부 항로는 거리가 약 700킬로미터, 라바울에서 라에까지의 남부 항로는 거리가 900킬로미터 이상이었다. 일본군 수송선단의 속도는 약 7노트, 즉 시속 13킬로미터 정도였다. 이를 환산하면 하루에 약 300킬로미터씩 항해가 가능했다. 다시 말해, 일본군이 북부 항로를 선택하면 2일, 남부 항로를 택하면 3일 만에 뉴기니에 도착할 수 있었다.

수송선단이 항해 중인 시간은 곧 미 5공군이 공습할 수 있는 시간이기도 했다. 항구에 있는 선단을 공습하는 일은 주변 비행장의 호위 전투기 때문에 쉽지 않았다. 그런 관점에서 보면 더 오래 공습할 수 있는 남부 항로를 노리는 게 미 5공군 입장에서 수지가 맞았다.

최악의 최선화를 택한 미 5공군

다만 이는 일본군이 남부 항로를 택했을 때만 성립할 수 있는 얘기였다. 미 5공군이 전 병력을 남부 항로에 투입해 지키고 있는 동안 일본군이 북부 항로를 항해한다면 최소한 하루는 큰 피해 없이 항해가 가능했다. 정찰기의 활동에 의해 북부 항로의 수송선단을 첫날 발견해도 본격적인 공격은 둘째 날에나 가능했다. 이 경우 미 5공군이 온전히 공격할 수 있는 시간은 하루밖에 되지 않았다.

반대의 상황도 벌어질 수 있었다. 미 5공군이 남부 항로 대신 북부 항로를 지키고 있을 때, 일본군이 북부 항로로 항해한다면 이틀 동안 공습이 가능했다. 일본군이 북부 항로 대신 남부 항로를 택했다면 첫날은 공치고 둘째 날부터나 공습할 수 있었다. 이 경우도 공습 가능 시간은 이틀이었다.

이처럼 미 5공군의 입장에서 일본군의 선택과 무관하게 언제나 더 유

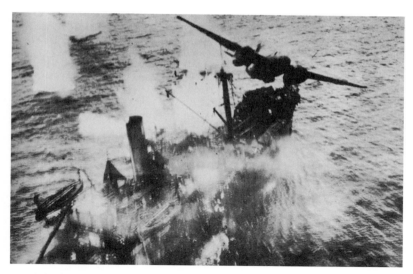

1943년 남태평양 비스마르크해(Bismarck Sea)에서 미군 폭격기 A-20이 육군 51사단 병력을 싣고 뉴기니로 이동 중인 일본군 수송선 다이에이마루(大榮丸)를 공격한 뒤 급상승하고 있다.

리한 선택이 있는 것은 아니었다. 미 5공군이 북부 항로를 지키면 일본군이 어느 항로를 택하든 이틀간 공습이 가능했고, 미 5공군이 남부 항로를 지키면 일본군의 선택에 따라 사흘 혹은 하루 동안 공습이 가능했다. 이렇게만 보면 어느 쪽이 더 낫다고 결론 내리기가 쉽지 않았다.

그러나 다른 관점을 취하면 선택은 의외로 쉬웠다. 상대가 어떤 선택을 할지 신경 쓰지 말고 나한테 벌어질 수 있는 최악의 상황을 관리하는 관점이었다. 각 선택의 최악 상황 중 제일 나은 쪽을 택하면 벌어질 일은 이미 각오한 최악 중 최선의 결과보다 나쁜 일이 벌어질 리는 없었다. 게다가 상대의 선택에 따라 그보다 나은 일이 벌어질 가능성도 있었다. 즉, '최악의 최선화' 방침은 "크게 잘못될 일을 없애면서 긍정적인 서프라이즈만 남기라"는 이른바 '반취약성'의 관점과도 일맥상통했다.

최악의 최선화 관점에서 이 상황을 바라보면 남부 항로보다는 북부 항로를 지키는 게 더 나았다. 왜냐하면 남부 항로는 잘못했다가는 겨우 하루밖에 공습하지 못하는 불상사가 벌어질 수 있었다. 반면 북부 항로를 택하면 최소 이틀의 공습은 무조건 확보할 수 있었다. 실제로 미 5공군은 남부 항로를 버리고 북부 항로를 택해 지켰다.

놀라운 행운도 함께한 대승

2월 28일 밤, 8척의 구축함과 8척의 수송선으로 구성된 일본군 수송선단이 라바울을 떠났다. 기무라 마사토미木村昌福가 지휘하는 선단은 북부 항로를 택했다. 때마침 열대성 호우가 뉴브리튼 일대를 덮었다. 덕분에 3월 1일 오전까지 북부 항로를 지키고 있던 연합군에게 탐지되지 않은 채 항해했다.

3월 1일 오후 들면서 폭풍우가 그쳤다. 북부 항로를 지키고 있던 폭격기 B-24 리버레이터Liberator가 드디어 오후 3시에 기무라의 선단을 발견했다. 미 5공군에게 남겨진 선택지는 남은 하루 동안 최대한 공격하는 일이었다. 본격적인 공습은 3월 2일 오전부터 시작되었다. 1척의 수송선을 침몰시키고 2척의 수송선에 피해를 입혔다. 여기까지는 일본군도 예상할 수 있는 피해였다. 남은 일본군 선단이 마당으로 들어가는 것을 미 5공군이 막을 방법은 없는 듯했다.

그런데 이상한 일이 벌어졌다. 몇 시간만 더 가면 마당에 도달할 수 있는 수송선단이 갑자기 남쪽으로 방향을 틀었다. 미 5공군에게는 그저 반가운 일이었다. 기무라의 목적지는 처음부터 라에였다. 다만 남쪽 항로를 택하지 않고 북쪽 항로를 택했을 따름이었다. 북부 항로를 통해 라에로 가다 보니 항해시간이 남부 항로를 택했을 때보다 조금 더 늘어났다. 결과적으로 미 5공군은 애초에 생각했던 이틀 동안 마음껏 수송선단을 공격했다. 기무라는 8척의 수송선을 모두 잃고 구축함 4척도 잃었다. 최악의 최선화를 택한 미 5공군의 완벽한 승리였다.

14
1차 대전이 끝나자
전쟁 때보다
더 많은 사람이 죽은
원인은?

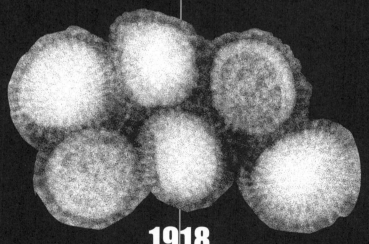

1918
Spanish flu pandemic

유럽 국가들 간의 전쟁이 세계대전으로 번진 1차 대전

1918년 11월 11일, 연합국과 독일 사이에 휴전협약이 체결되었다. 이로써 1914년 7월 28일에 오스트리아-헝가리가 세르비아에 선전포고하면서 시작된 1차 대전이 종전되었다.

1차 대전은 기본적으로는 유럽 국가들 간의 전쟁이었다. 독일과 오스트리아-헝가리가 한편이었고, 프랑스, 러시아, 영국 등이 다른 한편을 이뤘다. 서전에 독일이 침공한 벨기에와 오스트리아-헝가리가 침공한 세르비아와 몬테네그로는 선택의 여지 없이 편이 정해졌다. 이때까지만 해도 이 전쟁은 유럽에서 흔하게 벌어지던 다른 전쟁과 크게 다르지 않았다.

직접적인 이해관계가 없는데도 영토와 세력에 욕심을 내 참전한 나라가 이어 등장했다. 오스만튀르크는 페르시아와 러시아를, 불가리아는 세르비아를 공격했다. 전세가 동맹국 쪽에 불리하게 돌아간다고 판단한 이탈리아와 루마니아는 각각 1915년과 1916년에 오스트리아-헝가리를 침공했다.

다소 뜬금 없는 참전국은 일본이었다. 러시아의 팽창을 아시아에서 견제할 조력자로 일본을 낙점한 영국은 개전 직후부터 일본의 참전을 종용했다. "아시아를 탈피해 구라파로 들어가자"는 '탈아입구脫亞入欧'를 국시로 삼은 일본은 유럽이 하는 일은 모조리 흉내 내고 싶었다. 1914년 8월 23일, 일본은 독일의 식민지였던 칭다오靑島와 태평양의 여러 섬을 점령했다. 막상 일본이 거의 피를 흘리지 않고 중국과 태평양의 요충지를 차지하자 영국과 미국은 노골적으로 불편한 기색을 드러냈다.

아시아나 태평양 외 지역에서도 전투는 벌어졌다. 특히 영국, 프랑스와 독일은 각각 식민지로 차지하고 있던 아프리카에서 전쟁을 벌였다. 1차 대전이 세계대전인 이유는 참전국의 구성 때문은 아니었다. 전투가 유럽이 아닌 나머지 대부분 지역에서도 벌어졌기 때문이었다.

1차 대전은 기관총, 폭격기, 독가스 등 진일보된 살상 능력을 갖춘 무기들이 대거 실전에 투입되면서 막대한 인명 피해를 낸 전쟁이었다. 1916년 유럽 서부전선에서 벌어져 113만 명의 사상자를 낸 솜 전투에서 영국 육군 병사들이 참호를 넘어 독일군 진영 쪽으로 돌격하는 훈련을 하고 있다.

폭격기 · 독가스… 잔혹해진 살상무기

4년 넘게 치러진 1차 대전은 참혹한 전쟁이었다. 이전과 차원이 다른 살상병기들이 연달아 등장한 탓이었다. 예를 들어, 기관총과 중포는 밀집한 보병부대를 순식간에 전멸시킬 수 있었다. 비행기가 등장해 하늘에서 폭탄을 쏟아붓고 육상군함을 표방한 전차가 철조망을 뭉개면서 총탄을 튕겨내기 시작했다. 그걸로도 모자라 여러 종류의 독가스가 실전에 투입되었다.

일례로, 1914년 8월부터 9월까지 동부전선에서 러시아와 독일이 맞붙은 탄넨베르크 전투Battle of Tannenberg와 마수리안호 전투Battle of the Masurian Lakes에서 독일군은 4만 명을 잃으면서 러시아군에게 약 30만 명의 사상자를 안겼다. 이는 손실이 큰 걸로 악명 높았던 러일전쟁의 뤼순 전투와 묵덴 전투 사상자 수인 12만 명과 14만 명보다 두 배 이상 컸다.

사실 탄넨베르크와 마수리안호 전투는 같은 시기에 치러진 1차 대전의 다른 전투보다 피해가 적은 편이었다. 1914년 9월 6일부터 12일까지 총 7일간 독일과 프랑스가 맞붙은 1차 마른 전투First Battle of the Marne의 전사자는 15만 명, 부상자는 35만 명이었다. 8월 23일부터 9월 11일까지 러시아와 오스트리아-헝가리가 대결한 갈리시아 전투Battle of Galicia는 사상자가 53만 명, 포로는 16만 명이 발생했다.

전투 한 번에 수십만 명이 몰살되다

시간이 갈수록 공세적 작전으로 인한 사상자 수는 더 증가했다. 양쪽 군대의 살상능력이 끊임없이 발전한 탓이었다. 독가스가 대규모로 사용된 1916년의 베르됭 전투Battle of Verdun에서는 31만 명이 죽고 46만 명이 부상당했다. 전차가 실전에 최초로 투입된 같은 해의 1차 솜 전투First Battle of the Somme 사상자는 영국군 46만 명, 독일군 47만 명, 프랑스군 20만 명으로 총 113만 명이 죽거나 다쳤다. 1918년 서부전선에서 벌어진 독일군 춘계공세와 연합군 100일 공세의 사상자는 각각 155만 명과 186만 명으로 솜 전투보다도 손실이 컸다. 결과적으로 1차 대전의 사망자 수는 약 2,500만 명에 달했다. 이 중 민간인은 약 770만 명이었고, 나머지는 군인 전사자와 실종자였다. 또한 2,100만 명 이상의 군인이 부상당했다.

　역사상 1차 대전보다 더 많은 사망자가 나온 전쟁이 없지는 않았다. 가령, 위魏, 촉蜀, 오吳 삼국의 전쟁에서 군인과 민간인을 망라한 총사망자수는 3,800만 명 정도로 추정되었다. 또 몽골이 유라시아 대륙을 정복할 때 약 3,700만 명이 죽었다. 서구에서 피를 많이 흘린 잔인한 전쟁으로 보통 언급되는 1618년부터 1648년까지의 30년전쟁의 총사망자수는 750만 명으로 1차 대전에 비할 바가 아니었다.

　1차 대전이 남달랐던 부분은 사망자 발생의 시간상 밀도였다. 약 4년

간 치러진 1차 대전의 연간 평균 사망자수는 600만 명을 상회했다. 96년 간 치른 위, 촉, 오의 삼국전쟁이나 162년간 진행된 몽골의 정복은 연간 최소 20만 명에서 최대 40만 명의 사망자가 발생했다. 즉, 1차 대전의 살 상 규모는 이전에 치러진 가장 잔인한 전쟁의 20배 수준에 달했다고 할 수 있다.

차원 다른 대량살상무기, 전염병

그러한 1차 대전의 살상 규모를 능가하는 대규모 몰살의 원인이 한 가지 있었다. 바로 전염병이었다. 역사에 기록된 가장 참혹한 전염병은 흑사병 (페스트)이었다. 흑사병에 감염된 환자는 고열과 패혈증, 또는 폐렴을 동 반하면서 증상 발현 후 빠르면 하루 만에, 늦어도 5일 안에 죽을 가능성이 컸다. 특히 1347년 제노바 해군에 의해 시칠리아에 전파된 흑사병은 곧 이어 유럽 대륙 전체로 들불처럼 번져나갔다. 1351년까지 유럽의 흑사병 은 대략 유럽 인구 전체의 50퍼센트를 사망시켰다. 최소 5,000만 명에서 최대 7,500만 명의 사람이 죽었다.

14세기의 흑사병에 못지않은 전염병 피해로 16세기에 여러 아메리 카 원주민 국가들이 몰락했다. 인구가 1,500만 명 정도였던 잉카^{Inca}나 약 1,000만 명이었던 아즈텍^{Aztec}이 극소수의 스페인 콩키스타도르^{conquistador} 에게 멸망당한 이유는 그들 몸에 지니고 온 천연두를 위시한 각종의 전 염병 때문이었다. 영국인들이 메이플라워^{Mayflower}를 타고 나타나기 전 북 아메리카의 인디언도 최소 1,000만 명 이상은 되었다. 상징적인 사례로 1621년 11월 총독 윌리엄 브래드퍼드$^{William\ Bradford}$는 모피를 주고 농사와 사냥법 등을 가르쳐 준 92명의 인디언을 추수감사 식사에 초대했다. 이들 인디언은 몇 년 내로 전염병으로 모조리 죽었다.

전염병이 치명적이려면 몇 가지 조건이 동시에 충족되어야 한다. 첫째

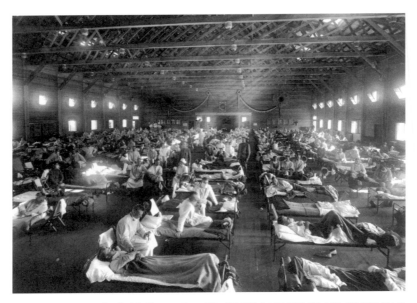

1918년 미국 캔자스주 하스켈 카운티(Haskell County)의 미군 주둔지 포트 라일리(Fort Riley)의 캠프 펀스턴 (Camp Funston) 군 병원 병상에서 스페인 독감을 앓고 있는 군인들의 모습. 1918년 1차 대전 종전과 함께 소집 해제되어 모국으로 돌아간 군인들이 스페인 독감을 퍼뜨렸다. 평균 치사율이 12퍼센트인 스페인 독감에 당시 전 세계 인구의 약 3분의 1이 감염되었고, 1919년까지 전 세계 인구의 4퍼센트에 해당하는 약 7,000만 명이 독감 으로 숨졌다. 이는 1차 대전으로 인한 사망자수의 거의 세 배에 달하는 수치였다.

로 전염율이 어느 수준 이상은 되어야 한다. 흑사병이 치명적이었던 이유 중 하나는 환자를 보살피거나 시체를 치우는 과정에서 감염자를 만진 사 람은 거의 틀림없이 페스트에 전염되었기 때문이다. 둘째로 치사율이 적 당해야 한다. 치사율이 너무 높으면 병을 옮기기도 전에 죽으면서 병의 전파가 저절로 제한된다. 마지막으로 약간의 잠복기가 있으면 병의 전파 에 더 유리하다.

전쟁 사망자의 3배, 전후 독감에 희생

1918년 11월 1차 대전이 끝나자 소집해제된 수천만 명의 군인들은 각기 모국의 집으로 돌아갔다. 좁고 비위생적인 환경에서 생활하던 군인들은 자신의 몸에 담아온 독감 인플루엔자를 퍼뜨렸다. 평균 치사율이 12퍼센트인 독감에 당시 전 세계 인구의 약 3분의 1이 감염되었고, 1919년까지 전 세계 인구의 4퍼센트에 해당하는 약 7,000만 명이 독감으로 숨졌다. 이는 1차 대전으로 인한 사망자수의 거의 세 배에 달하는 수치였다. 언론을 통제했던 미국을 포함한 대다수 참전국가들과는 달리 중립을 유지했던 스페인은 인플루엔자로 인한 사망자수의 심각성을 있는 그대로 보도했다. 이 때문에 스페인에게는 억울하게도 이때의 독감에 '스페인 독감'이라는 이름이 붙게 되었다.

알고 보면 역사적으로 가장 심각했던 세 번의 치명적 전염병은 모두 전쟁과 관련이 있다. 스페인 독감은 1차 대전 때문이고, 아메리카 원주민의 멸절은 스페인 군대 때문이었다. 그리고 흑사병이 유럽에 퍼진 이유도 전쟁 때문이었다. 몽골 제국의 일원인 킵차크 칸국Kipchak Khanate은 크림 반도의 도시 카파Caffa가 오랜 포위공격에도 불구하고 항복하지 않자 흑사병으로 죽은 시체를 공성병기를 통해 성 안으로 날려 보냈다. 이때 카파에 와 있던 제노바 선단이 전염된 후 시칠리아를 거쳐 이탈리아로 돌아오면서 흑사병이 온 유럽에 퍼지게 되었다.

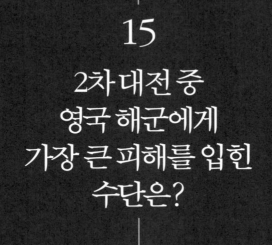

15

2차 대전 중
영국 해군에게
가장 큰 피해를 입힌
수단은?

쓰러져가는 영국 해군 주력함

1941년은 영국에게 힘든 한 해였다. 전년도의 영국 항공전에서 승리했지만 상처뿐인 영광이었다. 독일 공군은 영국 본토에 대한 공습을 1941년 상반기까지 지속했다. 독일이 소련을 전면 침공한 6월 이후에야 공습 강도가 줄어들었다.

다른 전역의 상황도 비슷했다. 북아프리카에서는 이탈리아군을 상대로 1월에 토브룩Tobruk을 점령하는 반짝 전과를 냈지만, 에르빈 롬멜Erwin Rommel이 지휘하는 독일 아프리카군단이 2월에 트리폴리Tripoli에 도착하자마자 전세가 뒤집혔다. 4월에는 독일이 그리스를 침공하자 막아보겠다며 북아프리카의 병력을 빼서 보냈다가 힘 한 번 제대로 써보지도 못하고 1만 명 이상이 포로로 잡히는 수모를 당했다.

그러나 영국이 가장 자존심 상해하는 일은 따로 있었다. 바로 영국 해군의 무기력한 모습이었다. 원래 영국의 육군과 공군은 3류는 아니었지만 그렇다고 최상도 아닌 수준으로 취급되었다. 반면, 해군은 영국의 위세와 영광을 상징하는 존재였다. 나폴레옹 전쟁 때 유럽 전체를 상대하다시피 하면서도 굴하지 않았던 원동력이 바로 영국 해군의 힘이었다. 1차 대전에서도 독일 해군의 강력한 도전을 어렵지 않게 물리쳤던 영국 해군이었다. 그랬던 영국 해군의 주력함이 차례차례 쓰러져갔다.

독일 전함 함포 포탄과 유보트 어뢰 맞고 침몰한 영국 전함들

그 시작은 4만 7,000톤급 순양전함 후드Hood였다. 1920년에 취역한 후드는 건조된 지 시간이 좀 지나기는 했지만 여전히 "마이티 후드Mighty Hood", 즉 강력한 후드라는 별명으로 불렸다. 구경 15인치 주포를 8문 가진 후드는 30노트라는 고속을 자랑했다. 후드는 이른바 애드미럴Admiral급 순양전함의 1번함이자 유일하게 건조된 군함이었다.

1941년 5월 24일 영국 해군과 독일 해군 사이에 벌어진 덴마크 해협 해전에서 영국 순양전함 후드는 독일의 대표 전함 비스마르크가 쏜 함포 포탄을 맞고 침몰했다.

1941년 5월 24일, 후드는 전함 프린스 오브 웨일즈Prince of Wales와 함께 덴마크 해협Denmark Strait에서 독일 해군의 전함 비스마르크Bismarck, 중순양함 프린츠 오이겐Prinz Eugen을 상대로 함포전을 벌였다. 비록 5만 톤급인 비스마르크가 조금 더 크기는 해도 후드는 15인치 주포 8문을 가진 비스마르크와 무장에서 대등했다. 게다가 오전 5시 52분에 선공을 날린 건 후드였다. 동료 전함 프린스 오브 웨일즈가 비스마르크에게 명중탄을 3발 맞히는 동안 후드의 포탄은 물보라만 일으켰다.

오전 5시 55분, 비스마르크는 후드를 상대로 최초의 포문을 열었다. 6분 뒤인 오전 6시 1분, 비스마르크의 15인치 주포 포탄이 후드에 작렬했다. 마스트 부근에서 대형 폭발이 발생한 후드는 고작 4분 뒤에 두 동강이 난 채로 침몰했다. 이제 1 대 2의 불리한 싸움을 하게 된 프린스 오브 웨일즈는 여러 발의 포탄을 얻어맞았다. 오전 6시 5분 전장을 이탈하는 결

1941년 11월 25일, 영국 해군의 3만 3,000톤급 전함 바햄이 시디 바라니 북쪽 바다에서 독일 유보트 U−331이 쏜 어뢰를 맞고 폭발하는 모습이다.

정이 조금이라도 더 지체되었다면 프린스 오브 웨일즈마저 적함의 함포에 물귀신이 될 뻔했다.

　두 번째 침몰은 3만 3,000톤급 전함 바햄Barham이었다. 1차 대전 중인 1915년에 퀸엘리자베스Queen Elizabeth급 전함의 하나로 취역한 바햄은 1916년 유틀란트 해전Battle of Jutland에도 참전한 역전의 용사였다. 최고속도 24노트에 15인치 주포 8문을 장착한 바햄은 1941년에 주로 지중해에서 전투를 벌였다. 3월에는 마타판곶 해전Battle of Cape Matapan에서 이탈리아 해군에게 큰 피해를 안겼다. 그러다 11월 25일, 시디 바라니Sidi Barrani 북쪽 바다에서 독일 유보트 U−331이 쏜 어뢰 4발 중 3발을 맞고 4분 만에 침몰했다.

태평양전쟁에서 영국 전함을 침몰시킨 일본 육상공격기

세 번째와 네 번째의 격침은 거의 동시에 이루어졌다. 영국 수상 윈스턴 처칠은 전함 프린스 오브 웨일즈와 순양전함 리펄스Repulse로 구성된 함대를 말라야Malaya와 싱가포르Singapore 방어를 위해 아시아로 파견했다. 이들은 12월 2일 싱가포르에 도착했다. 12월 8일 태평양전쟁이 시작되자 곧바로 12월 10일 일본군과 교전을 벌이게 되었다. 이들의 상대는 이제 전함이나 잠수함이 아닌 비행기였다.

3만 3,000톤급인 리펄스는 1916년 8월에 취역한 군함이었다. 15인치 주포 6문을 보유했고 최고속도가 31노트에 이르렀다. 오전 2시 20분, 일본 잠수한 I-58이 리펄스에게 5발의 어뢰를 발사했지만 모두 빗나갔다. 오전 11시, 8기의 96식 육상공격기가 1파로 내습했다. 250킬로그램 폭탄 한 발을 맞았지만 탑재한 수상정 손실에 그쳤다. 리펄스는 96식 육상공격기에서 발사된 어뢰 19발을 용케 피했다. 하지만 어느 순간에 나타난 1식 육상공격기(미쓰비시Mitsubishi G4M) 17기의 어뢰 공격은 피하지 못했다. 오후 12시 33분, 좌현으로 기운 리펄스는 전복되어 침몰했다.

4만 4,000톤급인 프린스 오브 웨일즈는 1941년 1월에 취역한 최신 전함이었다. 킹 조지 5세King George V급 전함의 2번함으로서 14인치 주포 10문과 28노트의 최고속도를 가졌다. 킹 조지 5세급은 3연장 16인치 주포탑 3개를 선수에 모두 배치한 3만 8,000톤 넬슨Nelson급 전함의 후속 전함으로 2차 대전 당시 명실상부한 영국 해군의 주력이자 간판이었다. 후드가 침몰한 해전에서 비스마르크에게 적지 않은 피해를 입힌 존재기도 했다.

리펄스와 같이 있던 프린스 오브 웨일즈도 4발의 어뢰를 맞았지만 버텼다. 프린스 오브 웨일즈를 끝장낸 무기는 일본 해군의 1식 육상공격기가 투하한 500킬로그램짜리 폭탄이었다. 오후 1시 20분, 프린스 오브 웨일즈도 침몰했다.

흥미롭게도 앞에서 언급한 영국 주력함 4척은 각기 다른 수단에 의해 격침되었다. 군함, 잠수함, 뇌격기, 그리고 폭격기였다. 비용 측면에서 보

영국 수상 윈스턴 처칠은 전함 프린스 오브 웨일즈와 순양전함 리펄스로 구성된 함대를 말라야와 싱가포르 방어를 위해 아시아로 파견했다. 이들은 1941년 12월 8일 태평양전쟁이 시작되자 곧바로 12월 10일 일본군과 교전을 벌이게 되었다. 리펄스는 96식 육상공격기(맨 위)에서 발사된 어뢰 19발을 용케 피했지만, 1식 육상공격기(중간)의 어뢰 공격은 피하지 못했다. 오후 12시 33분, 좌현으로 기운 리펄스는 전복되어 침몰했다. 리펄스와 같이 있던 프린스 오브 웨일즈도 일본 해군의 1식 육상공격기가 투하한 500킬로그램 폭탄을 맞고 침몰했다(아래).

면, 군함이 제일 비싸고, 그 다음이 잠수함, 비행기 순이었다. 비행기가 사용하는 무기 중에서는 뇌격기의 어뢰가 폭격기의 폭탄보다 비쌌다.

영국 해군은 2차 대전 중 총 27척의 순양함을 잃었다. 이 중 3척은 적의 공격과 무관하게 침몰한 경우였다. 더반^{Durban}은 노르망디 상륙작전 때 방파제로 쓰기 위해 자침시켰고, 퀴라소^{Curacoa}는 여객선과 충돌해서, 그리고 에핑엄^{Effingham}은 암초를 들이받아 침몰했다.

가장 오랜 기간 동안 제해권 상실을 가져온 수단은

나머지 24척의 순양함 중 가장 많은 10척을 침몰시킨 수단은 의외로 폭격기였다. 그 다음은 8척을 잡은 잠수함이었다. 구축함이나 어뢰정이 쏜 어뢰에 의해서도 3척이 격침되었다. 즉, 수중과 수상을 망라해 어뢰는 모두 11척을 침몰시켰다. 막상 군함의 함포에 의해 격침된 순양함은 1척에 지나지 않았다. 폭탄을 가득 실은 자살폭탄배와 기뢰도 각각 1척씩 격침시켰다.

폭격기와 어뢰는 격침 척수는 비슷했지만 좀 더 자세히 들여다보면 차이가 있었다. 순양함이 침몰하면 다시 비슷한 순양함을 건조할 때까지 제해권 행사에 지장이 생겼다. 또한 침몰하지 않더라도 피해를 입어 조선소에 들어가 수리를 받으면 그 기간만큼 제해권 행사가 어려웠다. 즉, 무기별 순양함에 대한 공격 효과를 판별하는 또 다른 기준은 성공한 공격당 순양함이 얼마나 오랫동안 전장을 비웠는가였다.

폭격기는 10척의 격침 외에도 56척에게 피해를 입혔다. 격침된 순양함을 메우기 위해 10척의 순양함을 다시 건조하는 데는 총 356개월이 걸렸고, 피해를 입은 56척의 순양함을 수리하는 데는 총 90개월이 걸렸다. 결과적으로 일본 폭격기는 영국 해군 순양함이 446개월간 제해권을 행사하지 못하도록 만든 셈이었다. 성공한 공격당 평균 수리 기간은 약 7개월이었다.

어뢰는 11척을 침몰시킴으로써 400개월의 순양함 공백기를 가져왔다. 침몰시키지는 못했지만 피해를 입힌 척수는 19척으로 폭격기의 약 3분의 1 수준이었다. 하지만 19척의 수리 기간 합계는 180개월에 이르렀다. 즉, 어뢰는 총 580개월의 제해권 상실을 가져왔다. 성공한 공격당 평균 수리 기간은 약 19개월로 폭격기의 세 배 수준이었다.

부수적인 수단인 함포와 기뢰에 의한 평균 수리 기간은 각각 4개월과 10개월이었다. 즉, 가장 오랜 기간 동안 제해권 상실을 가져온 수단은 어뢰였다. 그 다음으로 효과적인 수단은 함포나 폭격기가 아닌 기뢰였다. 성공한 한 발의 기뢰는 군함의 성공적인 포격과 폭격기의 성공적인 폭격을 합친 것과 같은 피해를 입혔다.

이러한 결과가 시사하는 바는 분명했다. 앞으로 영국 해군이 군함을 건조한다면 수면 위로 노출된 구조물을 노리는 포탄이나 폭탄보다는 수면 밑으로 공격하는 어뢰나 기뢰에 대한 방호력을 더 키워야 한다는 의미였다. 최적의 방호력은 양 경우의 평균 수리 기간이 비슷한 때에 확보되었다.

16

7년전쟁 중 스페인의 포르투갈 침공과 국경 길이의 관계는?

프로이센을 상대로 한 오스트리아의 영토 수복전으로 시작된 7년전쟁(1756~1763)은 영국, 프랑스, 러시아 등 유럽 열강이 대거 개입한 '18세기판 세계대전'으로 번지며 당대 세계 질서를 새로 개편하는 계기가 되었다. 위 그림들은 전쟁 초기인 1757년 오스트리아군이 승승장구하던 프로이센군을 처음 격파하며 전세를 회복했던 콜린 전투 장면을 묘사했다.

인접국 전쟁, 18세기판 세계대전으로 번지다

1762년 5월 5일, 2만 2,000명의 스페인군은 포르투갈 국경을 넘어 진군했다. 닷새 전이었던 4월 30일에 소규모 부대가 포르투갈의 트라스우스 몽테스Trás-os-Montes에 나타나 포고문을 붙이고 사라진 뒤에 일어난 군사행동이었다. 포고문은 "스페인은 포르투갈인의 친구로서 영국에 의해 채워진 족쇄를 풀어주겠노라"고 선언했다. 포르투갈은 5월 18일 스페인과 스페인의 배후인 프랑스 두 나라에 대한 선전포고로써 대답을 대신했다.

1756년에 시작된 7년전쟁은 현재의 폴란드 영토인 슐레지엔Schlesien을 되찾고 싶은 오스트리아와 내줄 생각이 없는 프로이센 사이의 갈등으로 시작된 전쟁이었다. 전 세계를 놓고 사사건건 부딪치던 영국과 프랑스는 각기 다른 쪽과 손을 잡았다. 떠오르는 신흥 세력 프로이센을 견제하는 차원에서 프랑스가 오스트리아 편을 들자, 영국은 프랑스를 견제하기 위해 프로이센 편을 들었다. 프로이센과 이해관계가 충돌하는 러시아와 스웨덴은 처음부터 프로이센의 반대편으로 전쟁에 참가했다.

유럽 국가들이 지저분하게 맺은 여러 동맹과 조약은 전쟁을 확산시키는 한 가지 요인이었다. 1761년 프로이센의 전세가 불리해지자 영국은 프랑스의 시선을 분산시키려고 1762년 1월 4일 스페인에게 더럭 선전포 고했다. 이른바 가족동맹으로 맺어진 프랑스의 우방 스페인에게 프로이 센과 오스트리아의 전쟁에 처음부터 끼어들 특별한 이유는 없었다. 영국 의 도발에 가만히 있을 수 없었던 스페인은 1월 18일 영국에 대한 선전포 고로 응수했다.

포르투갈과 영국의 역사적 관계는 대체로 좋은 편이었다. 영국은 유럽 대륙의 강적인 프랑스와 스페인을 견제할 세력으로서 포르투갈이 필요했 다. 포르투갈 입장에서도 상대하기 버거운 스페인을 상대하려면 영국과 의 동맹이 도움이 되었다. 14세기에 시작된 양국의 동맹관계는 7년전쟁 때까지도 주욱 이어졌다.

스페인과 포르투갈의 관계는 그보다 복잡했다. 12세기 이베리아 반도에 서 생겨난 포르투갈은 자국 영토의 무어인들을 13세기 중반까지 완전히 물리쳤다. 두 왕국, 카스티야Castilla와 아라곤Aragon이 결합한 스페인은 16세 기 초에야 단일한 정치체제를 갖췄다. 1580년 포르투갈 왕 헨리Henry가 후 사 없이 죽자 스페인 왕 펠리페 2세Felipe II가 전쟁 끝에 1581년 포르투갈 왕 자리를 차지했다. 이후 스페인과 포르투갈은 한 명의 왕이 통치하는 이른바 '이베리아 연방'의 구성요소로 간주되었다. 스페인의 일부로 흡수 되고 싶지 않았던 포르투갈인들은 전쟁을 벌여 1640년 다시 독립했다.

국경 길이와 전쟁 관계 연구, 프랙털을 낳다

한때나마 같은 왕을 가졌고 이슬람을 배격하는 역사를 공유했지만 두 나 라 사이에는 결정적인 제약이 하나 존재했다. 바로 국경을 마주하고 있다 는 점이었다. 국가간의 관계에서 이웃은 친구이기보다는 적인 경우가 일 반적이었다. 국경을 공유하는 두 국가치고 전쟁을 벌여본 적이 없는 경우

수학적 재능이 넘쳐났던 평화주의자 루이스 리처드슨은 두 인접한 국가 사이의 전쟁 확률이 마주한 국경 길이와 비례하는지 연구했다. 그 과정에서 국경의 길이가 측정단위가 줄어듦에 따라 계속 늘어나는 현상을 발견했다.

는 드물었다. 절대 싸울 것 같지 않은 미국과 캐나다도 1812년 캐나다가 영국 식민지였던 시절에 한 차례 전쟁을 치렀다.

다방면에 족적을 남긴 루이스 리처드슨Lewis Richardson은 전쟁의 수학적 분석에도 관심을 가졌다. 그가 가졌던 질문 중 하나는 "두 나라가 마주한 국경의 길이가 길수록 전쟁 발발 가능성이 높아질까?"였다. 자신의 질문에 대한 답을 얻기 위해 그는 여러 나라의 국경 길이와 전쟁 빈도를 조사했다. 그 과정에서 한 가지 사실이 리처드슨의 눈에 띄었다. 국경의 길이는 자료마다 제각각이었다. 리처드슨은 처음에는 단순한 오차라고 생각했다. 자료를 모을수록 단순한 오차로 치부하기에는 그 차이가 너무 크다는 생각이 들었다. 예를 들어, 동일 시기의 스페인과 포르투갈 국경 길이가 어느 자료에서는 987킬로미터, 다른 자료에서는 1,214킬로미터였다. 둘 사이에 존재하는 23퍼센트의 차이는 측정 오류로 치부할 수준을 넘어섰다.

리처드슨은 우선 국경의 길이를 정밀하게 재려고 시도했다. 단위가 큰 자를 가지고 측정한 후 측정단위를 줄여나가면 길이가 조금씩 커지다가 정밀한 값으로 수렴하리라 짐작했다. 리처드슨은 자신의 짐작이 틀렸음을 발견했다. 단위가 줄어들면 길이가 늘어나는 것은 사실이었지만 특정한 값으로 수렴하지는 않았다. 끊임없이 늘어날 뿐이었다. 리처드슨은 자신의 수수께끼 같은 관찰을 논문으로 발표했다. 진짜 혁신적인 생각이 늘 그러하듯 리처드슨의 관찰에 관심을 가지는 사람은 드물었다.

한 사람의 예외가 있었다. 리처드슨 이상으로 다방면에 관심이 있었던 브누아 망델브로Benoit Mandelbrot였다. 리처드슨의 논문을 읽고 영감을 얻은 망델브로는 이를 일반화한 '프랙털fractal'이라는 개념을 정립했다. 망델브로는 주식과 같은 금융자산의 가격 변동이 얌전한 무작위가 아니라 이른바 "격렬한 무작위"임을 발견하기도 했다. 격렬하게 무작위한 대상을 경제학이 흔히 가정하는 정규분포로 묘사하려는 시도는 실패하기 마련이었다.

리처드슨이 애초에 가졌던 질문에 대한 답은 불분명했다. 국경 길이와 전쟁 확률의 관계는 일률적이지 않았다. 질문 자체에 내재된 또 다른 문제는 어떤 규모의 무력 분쟁까지 전쟁으로 보느냐였다. 리처드슨은 인명 피해로 측정된 전쟁의 규모가 멱법칙power law(다른 수의 거듭제곱으로 표현되는 두 수의 함수적 관계를 의미한다)을 따름을 발견했다. 좀 더 구체적으로 말하자면, 전쟁의 사상자 수가 10만 명에서 100만 명으로 열 배 증가하면 그 발생 빈도는 대략 3분의 1로 줄어들었다. 이를 달리 이해하면 1,000만 명 이상의 사상자가 발생한 전쟁이 셋 정도 되면 이제 손실이 1억 명에서 10억 명 사이인 전쟁이 한 번쯤 일어나도 이상하지 않다는 얘기였다.

원치 않는 전쟁에 휘말린 포르투갈의 분전

포르투갈은 7년전쟁 내내 전쟁에 말려들지 않기 위해 애를 썼다. 영국의 동맹국이기는 했지만 자국 영해에서 벌어진 영국과 프랑스의 해전 때 바다에 빠진 양국 수병 모두를 공평하게 구조했다. 전세가 유리해지자 프랑스는 영국을 보다 강하게 압박하는 차원에서 스페인의 참전과 포르투갈의 편입을 계획했다. 1762년 4월 스페인과 프랑스는 포르투갈에 최후통첩을 보냈다. 영국과의 동맹을 파기하고 영국에 대해 선전포고하라는 요구였다.

포르투갈이 어떻게든 전쟁을 회피해보려는 데에는 또 다른 이유가 있었다. 1755년 11월 1일, 진도 8.5에서 9로 추정되는 지진이 포르투갈 수도 리스본Lisbon 앞바다에서 발생했다. 쓰나미가 휩쓸고 지나간 리스본에서만 사망자가 10만 명 가까이 발생했다. 워낙 물질적·경제적 피해가 컸던 나머지 월급을 받지 못한 포르투갈군은 자국 민간인을 약탈하며 연명하는 강도떼로 돌변했다. 스페인인들은 포르투갈인들의 이러한 어려움을 종교적 이단인 영국인들과 손잡은 데 대한 천벌이라고 여겼다.

전쟁 초반의 전세는 스페인군에게 상당히 유리했다. 시세의 두 배를 치르고 식량을 사들이는 스페인군에게 포르투갈인들은 아무런 저항도 하지 않았다. 필요한 식량을 현지에서 모두 조달하는 게 불가능해지자 스페인군은 강압적인 방식으로 징발하기 시작했다. 가뜩이나 부족한 먹을 것을 빼앗기자 포르투갈 전체가 들고 일어났다. 게릴라전과 가져다 쓸 만한 물건을 남기지 않는 청야전술을 동시에 구사하는 포르투갈 농민군은 2만 2,000명의 스페인군에게 8,000명의 손실을 입혔다. 잔존 스페인군은 1762년 6월 말 스페인으로 후퇴했다.

전열을 재정비한 3만 명의 스페인군은 1만 2,000명의 프랑스군과 함께 7월 포르투갈 동부의 베이라Beira를 침공했다. 이에 맞서는 포르투갈군 병력은 8,000명에 불과했고, 지원군으로 와 있던 영국군도 7,000명이 전부였다. 압도적인 병력 차로 인해 초반에는 스페인-프랑스 동맹군이 거듭 승리를 거뒀다. 그렇지만 포르투갈 영토 깊숙이 들어오자 지난 6월의 양상이 반복되었다. 11월까지 1만 5,000명을 잃은 스페인군은 심지어 카스텔로 브랑코Castelo Branco에 있던 파견군 본부마저 유린되고 말았다. 스페인군은 한 차례 더 포르투갈 남동부의 알렌테주Alentejo를 침공했지만 결과는 마찬가지였다. 오히려 포르투갈군이 스페인 영토를 급습하기 시작하자 마음이 급해진 스페인은 11월 말 아무런 소득 없이 전쟁을 끝냈다.

17

나폴레옹의
그랑아르메가
연전연승한
까닭은?

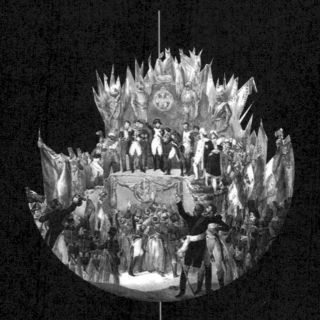

나폴레옹의 17만 그랑아르메의 800킬로미터 오스트리아 원정

1805년 초 나폴레옹은 약 17만 명의 병력을 파드칼레Pas-de-Calais 지역의 불로뉴Boulogne에 모았다. 도버 해협Strait of Dover을 건너 영국을 침공하려는 의도였다. 7월 22일, 스페인 북서부의 피니스테레Finistère곶 근해에서 전열함 14척의 프랑스 함대와 6척의 스페인 함대는 15척의 영국 함대를 상대로 전투를 벌였다. 뚜렷한 승자는 없었지만 프랑스 함대를 지휘했던 피에르-샤를 빌뇌브Pierre-Charles Villeneuve는 전투 후 영국상륙 지원함대가 있는 브레스트Brest로 가지 않고 스페인 남부의 카디즈Cadiz로 후퇴했다. 8월 23일, 영국 침공이 물 건너갔다고 판단한 나폴레옹은 병력을 행군시켜 오스트리아를 치기로 결심했다. 오스트리아군이 러시아군과 힘을 합치기 전에 먼저 각개격파로 섬멸하려는 생각이었다.

불로뉴에 있던 프랑스군이 프랑스와 독일 국경의 라인강까지 1차로 행군해야 할 거리는 대략 630킬로미터였다. 이어 라인강에서 오스트리아 수도 빈Wien까지의 거리가 약 810킬로미터였다. 나폴레옹 이전의 유럽 군대가 이만한 거리의 원정을 해낸 경우가 없지는 않았다. 다만 많아야 3만에서 4만 명 정도로 병력이 적었다. 하지만 약 17만 명의 병력이 이만한 거리를 행군한 전례는 없었다. 이 프랑스군은 나중에 그랑아르메Grande Armée, 즉 '위대한 군'이라는 이름으로 불리게 되었다.

대규모 군의 장거리 원정이 불가능에 가까운 이유는 다른 데 있지 않았다. 바로 끼니를 때우는 문제 때문이었다. 아무리 정신무장을 시켜도 제때 충분히 먹지 못한 군대는 쉽게 와해되었다. 허기진 군인은 싸울 의지와 체력이 달리기 마련이었다. 전투 직전에 보유 식량이 허용하는 범위 내에서 최대한 배불리 먹는 관습은 바로 그런 이유에서 생겨났다. 먹는 게 부실할수록 병에 걸리기도 쉽고 부상이 낫지 않을 가능성도 컸다. 실제로 전쟁 중 사망하는 군인의 대부분은 전투 중에 죽기보다는 굶주림과 병 때

그랑아르메(위대한 군)라는 별칭으로 불렸던 프랑스 나폴레옹 군대의 저력은 치밀한 병참 계획에 기반한 대규모 원정 능력에 있었다. 그랑아르메가 1807년 러시아—프로이센 연합군을 상대로 대승을 거둔 '프리틀란트 전투(Battle of Friedland)'를 묘사한 프랑스 화가 오라스 베르네(Horace Vernet)의 작품. 백마를 탄 장군이 당시 프랑스 황제이자 최고사령관인 나폴레옹이다.

문에 죽었다.

특히 어느 규모를 넘어선 군대를 먹이고 입히는 일은 쉽지 않았다. 기본적으로 군대는 생산하지 않고 소비만 하는 존재다. 나아가 좁은 지역에 모아놓으면 어려움이 배가된다. 그 경우에도 자국 영토 내라면 어떻게 해볼 여지는 있다. 실제로 당시 프랑스 인구 2,600만 명의 1퍼센트에 가까운 그랑아르메는 불로뉴에 몇 달간 큰 문제 없이 주둔했다. 하지만 오스트리아를 공격하겠다고 나선 순간부터는 질적으로 다른 많은 난제에 부딪히게 되었다.

보급? 징발? 약탈? 늘 어려운 식량 조달

역사적으로 군대의 이동은 언제나 골칫거리였다. 군대가 식량을 조달하는 방법은 크게 세 가지였다. 첫 번째 방법은 후방으로부터의 보급이었다. 가장 기본적인 방법이지만 한계가 분명했다. 19세기 들어 기차가 활용되기 전까지 육상에서 제일 효과적인 수송 방법은 말이 끄는 수레였다. 말은 사람보다 훨씬 많은 짐을 나를 수 있었지만 그 대신 적지 않은 사료를 필요로 했다. 말 자체가 소비하는 사료로 인해 거리가 멀어질수록 운반할 수 있는 식량은 선형적으로 줄었다. 이는 특정 거리보다 먼 곳에는 보급이 불가능해진다는 의미였다.

두 번째 방법은 징발이었다. 징발은 점령지 혹은 제3국에서 필요한 물품을 수취하는 대신 최소한의 반대급부를 제공하는 행위였다. 지급하는 반대급부가 적정하다면 징발은 효과적인 식량조달 수단이 될 수 있었다. 다만 지역 내 주민의 경제력을 넘을 수 없다는 제약이 존재했다. 아무리 10만 명분의 식량을 구하고 싶다 해도 해당 지역의 인구가 1,000명에 지나지 않는다면 불가능한 과업이었다.

세 번째 방법은 약탈이었다. 약탈은 주민의 의사를 무시한 채 강제로 물품을 빼앗는 행위다. 쉽게 말해 강도질이다. 약탈은 당장의 이익이라는 측면에서 징발보다 효율적이었다. 대신 지역이 황폐화되고 주민들이 적대적으로 변했다. 전쟁에 승리하더라도 약탈의 부작용은 두고두고 문제를 일으켰다. 또 약탈은 군대의 기강에 좋지 않은 영향을 미쳤다. 한번 약탈이라는 무법천지를 경험하고 나면 병사들은 명령을 잘 따르지 않는 쪽으로 돌변하기 쉬웠다. 즉, 약탈은 하수인 군인이나 선택할 방법이었다.

운송선도 보급창고도 없이

이 제약들을 우회할 수 있는 한 가지 방법이 존재했다. 바로 물의 활용이었다. 물에 뜨는 배를 이용하면 말이 끄는 수레보다 훨씬 더 많은 식량을 운반할 수 있었다. 물의 활용은 보급 관점에서 장점이 많았지만 물이 없는 곳에서는 쓸 수 없다는 극복하기 어려운 단점도 있었다. 역사상 대규모 병력으로 이름 난 원정은 거의 예외 없이 해안가를 따라 이뤄졌다. 내륙일 경우 대규모 병력은 강을 따라 행군했다. 강은 무게가 상당한 포를 이동시키는 데 효과적이었다.

강을 이용하더라도 군대 규모가 너무 커지면 식량 조달은 여전히 어려운 임무였다. 적지 깊숙이 들어간 군대에게 후방 보급은 기대할 수 없는 사치였다. 징발만이 현실적인 대안이었지만 유럽의 일반적인 도시가 감당할 수 있는 병력은 3, 4만 명 정도가 한계였다. 그마저도 오래 머물 수는 없었다. 17세기까지 적진에 들어간 군대는 굶어 죽지 않기 위해 끊임없이 행군과 성 포위 공격을 반복해야 하는 가련한 신세였다.

17세기 중반부터 사용되기 시작한 보급창고는 지금까지 언급된 여러 문제를 해결하기 위한 시도였다. 아이디어는 간단했다. 장거리 보급이 필요한 지역, 징발은 가능하지만 경제적 수용력이 크지 않은 지역, 그리고 수상 운송이 불가능한 지역에 보급창고를 건설해놓는 것이었다. 이는 현대적인 물류창고의 원조라 할 만했다.

보급창고도 한계가 없지는 않았다. 현실적으로 보급창고의 건설과 유지는 국경에 가까운 자국 내에서만 가능했다. 국경 근처에서 대규모 방어전을 펼칠 때는 요긴했지만, 공세적 작전 시에 큰 도움이 되지는 않았다. 지금까지 얘기된 어떤 방법도 그랑아르메가 직면한 상황에 크게 도움이 되지는 않았다.

나폴레옹의 치밀한 병참 작전

나폴레옹은 그랑아르메의 행군에 대해 세심하게 계획하고 치밀하게 실행했다. 그에게 병참은 군 최고사령관이 알 필요 없는 하찮은 일이 아니라 가장 많은 신경을 써야 하는 중대한 문제였다. 우선 개별적 작전 단위인 군단의 병력을 약 2만 5,000명으로 정했다. 이는 유럽 도시가 감당할 수 있는 최대한의 규모였다. 또한 8개 군단이 행군할 경로와 획득할 물량을 따로따로 지정해줬다. 특정 지역에서의 과도한 징발을 예방함과 동시에 길이 붐벼서 행군 속도가 느려지지 않도록 하기 위함이었다. 한편으로 너무 호의적인 지역을 오래 지나는 일도 조심해야 했다. 안배에 실패하면 군단 전체가 술에 취해버릴 수 있었다.

9월 25일, 약 한 달 못 미쳐 프랑스 횡단을 마친 그랑아르메는 라인강을 넘어 독일 영토로 진격을 개시했다. 오스트리아군의 예상보다 한참 빠른 시점이었다. 대공 페르디난트 칼 요제프Ferdinand Karl Joseph와 병참사령관 칼 마크Karl Mack가 지휘하는 독일 방면 오스트리아군은 7만 2,000명이었다. 마크는 뮌헨에서 서쪽으로 약 120킬로미터 떨어진 울름Ulm을 방어의 요충지로 정했다. 조아생 뮈라Joachim Murat가 지휘하는 제일 남쪽의 기병군단이 시선을 끄는 사이 그랑아르메 6개 군단은 북쪽으로 크게 우회 기동했다. 10월 6일 울름 동북쪽의 도나우뵈르트Donauwörth에 3개 군단이 출몰하자 마크는 뒤늦게 반격에 나섰지만 이미 두 배가 넘는 그랑아르메의 병력에게 포위된 뒤였다. 10월 20일까지 마크를 포함한 6만 명의 오스트리아군이 항복해 포로가 되었다. 남다른 기동력으로 적 부대를 각개 섬멸하는 그랑아르메의 전술은 이후 수많은 전투에서 승전을 가져왔다.

원정 성공에 비하면 소소하지만, 나폴레옹이 프랑스군의 보급에 기여한 것이 또 있다. 나폴레옹이 초급장교였던 1795년 프랑스 총재정부는 장기간 보존이 가능한 음식 개발에 1만 2,000프랑의 상금을 내걸었다. 사실 이는 육군보다는 해군을 위해서였다. 1747년 영국 해군의 제임스 린드James Lind는 야채나 과일이 괴혈병 예방에 효과가 크다는 것을 확인했지만

1795년이 되어서야 레몬 주스 마시기가 영국 해군에서 의무화될 정도로 채택에 시간이 걸렸다. 요리사 니콜라 아페르Nicolas François Appert는 1795년부터 다양한 시행착오 끝에 이른바 병조림을 개발했다. 1803년 프랑스 해군은 아페르의 병조림을 시험한 후 긍정적인 평가를 내렸다. 1810년 아페르는 최종적으로 1만 2,000프랑의 상금을 받았다. 아페르에게 상금을 준 사람이 당시 프랑스 황제였던 나폴레옹이었다.

18

인도와 파키스탄의 군비 경쟁은 불가피할까?

1947~1948년 1차 인도-파키스탄 전쟁 당시 인도군의 모습. 1947년 영국의 지배에서 벗어난 인도와 파키스탄은 당초부터 계속 대립해오다가 1948년에 북서부 카슈미르 지역의 영유권을 놓고 충돌하게 되었다. 유엔의 중재로 휴전하면서 정전선에 의해 카슈미르가 분할되었다.

옛 무굴의 독립, 인도-파키스탄 70년 분쟁의 서막

2차 대전이 끝난 1945년에 인도, 즉 과거의 무굴은 영국의 오랜 식민 지배를 벗어났다. 무굴은 동시기의 오스만튀르크, 페르시아와 함께 이슬람을 대표하는 국가였다. 전성기 때 서쪽의 아프가니스탄에서 동쪽의 미얀마까지 통치한 무굴의 영토에는 여러 민족이 살았다. 이들의 이해 관계는 전적으로 일치하지 않았다. 가령, 힌두 대금업자들은 몽골과 페르시아에서 유래한 무굴 왕가를 무너뜨리려고 애썼다. 이자 수취를 금지하고 지분 취득 방식의 금융만 인정하는 이슬람을 약화시켜야 자신들이 힘을 쥘 수 있기 때문이었다. 예상할 수 있듯이 이들은 처음에는 영국의 인도 지배를 환영했다.

독립과 함께 인도 내부의 다양한 목소리가 표출되었다. 영국령 인도는 네 조각으로 나뉘었다. 가장 큰 조각은 현재의 인도였다. 그 다음으로 큰 조각은 인도의 서쪽과 동쪽을 가진 파키스탄이었다. 지방 혹은 나라를 뜻하는 스탄이라는 페르시아어 접미사로 미루어 짐작할 수 있듯이 파키스탄은 이슬람 국가였다. 동파키스탄보다 더 동쪽 지역은 버마로 독립했다. 불교신자가 대부분인 버마, 즉 현재의 미얀마는 인도와 역사를 공유하지 않았다. 현재의 스리랑카에 해당하는 인도양의 섬 실론^{Ceylon} 또한 별개의 국가로 독립했다.

파키스탄으로 분리된 지역은 크게 보면 서쪽의 펀잡^{Panjāb}과 동쪽의 벵갈^{Bengal}로 대변되었다. 이슬람을 믿지 않는 사람들이 소수이기는 하지만 이 지역에 당연히 있었다. 마찬가지로 인도로 독립한 지역에도 적지 않은 이슬람교도가 살았다. 최소 수십만 명 이상의 사람들이 다수의 폭력에 목숨을 잃었다. 그 과정에서 600만 명 이상의 이슬람교도가 서파키스탄으로, 400만 명 이상의 힌두교도와 시크교도가 인도로 서로 도망쳤다.

1947년에 벌어진 인도와 파키스탄 사이의 1차 전쟁은 카슈미르^{Kashmir} 지역 쟁탈이 직접적인 원인이었다. 서파키스탄과 인도, 그리고 중국 사이에 끼어 있는 카슈미르의 인구 대부분은 이슬람교도였다. 파키스탄은 당연히 카슈미르를 자신의 일부로 여겼지만 이 지역의 마하라자^{mahārāja} 였던 하리 싱^{Hari Singh}은 독립국으로 남기를 원했다. 파키스탄의 민병대를 상대할 방법이 없자 하리 싱은 인도에 카슈미르 지역을 넘겼다. 이후 인도와 파키스탄은 서로 정규군을 카슈미르에 파견해 1948년 말까지 전쟁을 벌였다. 카슈미르를 나눠 갖기 위해 벌인 이 전쟁에서 두 나라는 각각 수천 명의 사상자를 냈다.

1965년에 벌어진 2차 전쟁도 카슈미르가 원인이었다. 1962년 인도는 중국과 약 한 달 동안 전쟁을 치러 완패를 당했다. 향후 인도군의 현대화 노력이 예상되자 파키스탄은 그렇게 되기 전에 인도령 카슈미르를 뺏으려고 게릴라 부대를 침투시켰다. 현지인 반란으로 위장하려는 의도였지만 인도가 보기에 상황은 너무나 뻔했다. 인도군은 자국령 카슈미르에서 반격하면서 동시에 서파키스탄에도 공격을 퍼부었다. 17일간의 전쟁이 끝난 후 인도가 획득한 영토는 파키스탄이 획득한 영토의 세 배가 넘었다.

파키스탄 자체에 내재된 모순 때문에 벌어진 전쟁도 있었다. 서로 1,500킬로미터 이상 떨어진 데다가 인도에 가로막힌 펀잡과 벵갈은 이슬람교를 믿는다는 점 외에는 사실 공통점이 적었다. 서파키스탄에 의해 2류 취급을 당하던 동파키스탄은 무장투쟁 끝에 1971년 급기야 독립을 선언했다. 같은 벵갈이어도 서벵갈은 힌두교도가 주류인 인도 영토였다. 서벵갈의 인도군이 동파키스탄 사태에 개입하자 서파키스탄군은 인도의 동펀잡을 전면 침공하면서 3차 전쟁이 벌어졌다. 결과는 파키스탄의 사실상 완패였다. 동벵갈은 결국 방글라데시로 독립했고, 파키스탄은 해군의 2분의 1, 육군의 3분의 1, 공군의 4분의 1을 잃었다.

1999년에 벌어진 4차 전쟁도 2차 전쟁과 비슷한 양상이었다. 현지 민병대로 위장한 파키스탄 부대가 인도령 카슈미르의 도시 카길Cargill에서 준동하자 인도군은 3만 명 병력을 동원해 반격했다. 약 석 달간 치러진 전쟁 끝에 파키스탄군은 철수하고 인도군이 카길을 회복했다. 이외에도 이루 셀 수도 없는 국경 분쟁을 두 나라는 치러왔다.

탐욕·공포에 사로잡힌 군비 경쟁

꼬인 인도와 파키스탄의 적대적 관계를 푸는 일은 쉽지 않았다. 두 나라가 처한 공통의 상황 때문이었다. 먼저 인도 입장에서 보면 군사력 강화는 당연한 결정이었다. 파키스탄이 취할 군비 증강과 군축이라는 두 시나리오 모두에서 인도의 군비 증대는 인도에 이익을 가져왔다. 보다 구체적으로, 파키스탄이 군대를 강화하는데 인도가 군축을 시도한다면 언제 있을지 모를 전쟁에서 질 가능성이 높았다. 군축보다는 같이 군비를 강화하는 쪽이 유리했다. 파키스탄이 군축을 하는 경우도 마찬가지였다. 같이 군축하는 쪽보다는 군대를 강화해 분쟁에서 승리하는 게 더 유리했다. 이러니 인도가 군비를 늘리지 않을 이유가 없었다.

파키스탄이 처한 상황도 인도와 다르지 않았다. 인도가 무슨 결정을 하든 파키스탄 입장에서 군비 증대는 군축보다 유리했다. 마치 거울로 비춘 인도의 입장과 같았다. 파키스탄과 인도의 군사력 강화 결정은 결과적으로 잦은 무력 분쟁을 낳았다.

흥미롭게도 두 나라 사이에는 공통적으로 보다 나은 한 가지 상황이 존재했다. 둘 다 군비 증대 대신 군축을 택하는 상황이었다. 그렇게 된다면 반복되는 전쟁으로 인한 피해가 줄 터였다. 설혹 전쟁이 일어난다 해도 물리적인 손실을 줄일 수 있었다. 게다가 줄인 군사비를 경제 성장과 국민 복지를 위해 쓸 수도 있었다.

문제는 이를 강제할 수단이 없다는 점이었다. 설혹 두 나라가 선의를 갖고 군축을 동시에 수행한다고 해도 그 상태는 불안정했다. 상대가 군축하는 동안 내가 군비를 늘리면 결과적으로 나는 적지 않은 이익을 취할 수 있었다. 반대로 내가 군비를 줄여도 상대가 뒤통수를 치면 최악의 결과가 벌어졌다. 금융시장의 불안정성을 가져오는 두 가지 요인, 즉 탐욕과 공포는 동시에 두 나라 사이의 끊임없는 군비 증대와 전쟁의 원인이기도 했다.

핵대결로 번질지도 모르는 출구 없는 분쟁

두 나라 사이의 대립은 핵무기의 존재 때문에도 위태롭다. 영국의 지배가 지긋지긋했던 인도는 독립할 때부터 핵무기 보유를 희망했다. 그렇지 않으면 언젠가 또 다른 누군가에게 지배당할지 모른다는 두려움 때문이었다. 20년 넘도록 꾸준하게 준비한 인도는 1974년 '웃고 있는 부처'라는 암호명의 핵무기 시험에 성공했다.

불구대천의 원수 인도가 핵무기를 가지자 파키스탄의 마음이 급해졌다. 1965년 2차 인도-파키스탄 전쟁 때 파키스탄 총리 줄피카르 알리 부토Zulfikar Ali Bhutto는 "인도가 핵폭탄을 가지면, 천년 동안 풀과 잎사귀만 먹을지언정 우리도 우리만의 핵폭탄을 가질 것이다. 기독교인이 갖고 있고 유대인도 갖고 있고, 힌두인도 가지는데, 왜 이슬람인은 안 되는가?" 하고 선언했다. 파키스탄의 공식적인 핵무기 개발은 1971년 3차 전쟁, 즉 방글라데시 독립전쟁에서 진 직후인 1972년에 시작되었다. 파키스탄은 1998년에 공식적인 핵무기 시험에 성공했다. 비공식적인 시험은 이미 1984년에 완료했다.

두 나라의 군사적 대결을 해소하는 이론적 방법은 간단했다. 군비 증대를 택했을 때 그 이상의 불이익을 보게 만들면 되었다. 그렇게 되면 상대가 어떤 선택을 하든 군축을 하는 쪽이 언제나 더 유리해졌다. 즉, 두 나라의 손익 구조가 바뀌면서 군사력을 강화할 경제적 이유가 사라지는 셈이었다. 그렇게 되면 군축하지 않을 이유가 없었다.

이 해결 방법은 이론적으로는 완벽해도 실제로는 작동하기 쉽지 않았다. 앞에서 언급한 '그 이상의 불이익'을 보게 만들 현실적 수단이 없기 때문이었다. 그런 일을 담당할 유일한 합법적 존재는 국제기구겠지만 국제기구에게 그런 권한을 넘겨줄 국가는 흔하지 않다. 설혹 있다고 해도 언제든지 약속을 깨고 자신의 길을 가지 말란 법도 없다.

2019년 2월 14일 파키스탄 민병대의 자살차량폭탄 공격으로 인도군 40명이 죽은 후 재개된 양국의 무력 분쟁은 현재도 진행 중이다.

19
귄터 헤슬러가
초대 함장이었던
U-107은
어떻게 격침되었나?

독일 유보트 U-107의 명성

1944년 8월 16일, 독일 9B형 유보트 U-107은 로리앙^{Lorient}을 출항했다. 프랑스 브르타뉴^{Bretagne}에 위치한 로리앙은 비스케이^{Biscay}만에 면한 군항이었다. 로리앙은 2차 대전 중 독일군 잠수함기지 중 하나였다. 이번 출항은 U-107의 열여섯 번째 초계임무였다. 독일군 잠수함의 평균 초계임무 횟수는 8회 정도였다. 즉, U-107의 16회라는 초계임무 횟수는 평균의 두 배에 달하는 뛰어난 기록이었다.

9B형은 기본적으로 성공적인 잠수함이었다. 초기 7형의 약 두 배에 해당하는 최대 1만 2,000해리를 항해할 수 있어서 원거리 작전이 가능했다. 1938년부터 1940년까지 건조된 14척의 9B형은 모두 개별적으로 10만 톤이 넘는 격침 톤수를 기록했다. 2차 대전에서 가장 큰 손실을 입은 수송선단 PQ 17의 피해 규모인 11만 6,000톤에 준하는 전공을 각각 거둔 셈이었다. 종전 시까지 가장 많은 격침 톤수를 기록한 상위 6개 유보트 중 3, 4, 5, 6위가 모두 9B형이었다.

격침 톤수와 격침 대수에서 모두 6위였던 U-107은 그중에서도 명성이 자자했다. 1940년 10월 8일에 취역한 U-107의 초대 함장은 귄터 헤슬러^{Günter Hessler}였다. 1909년 독일 브란덴부르크^{Brandenburg} 태생인 헤슬러는 원래 수상함 장교였다가 1940년 4월 잠수함전대로 배치되었다. 1937년에 결혼한 헤슬러의 장인은 1943년 1월에 해임된 에리히 래더^{Erich Raeder}의 뒤를 이어 독일 해군 총사령관이 될, 당시 잠수함전대장 칼 되니츠^{Karl Dönitz}였다. 각각 해군 장교와 U-954 함장이었던 되니츠의 두 아들은 2차 대전 중 모두 전사했다.

헤슬러의 U-107은 총 세 번의 초계임무에 나섰다. 1941년 1월부터 3월까지의 첫 번째 임무에서 4척을 침몰시켜 1만 8,514톤의 전과를 기록했고, 9월부터 11월까지의 세 번째 임무에서도 3척을 침몰시킴으로써 1만

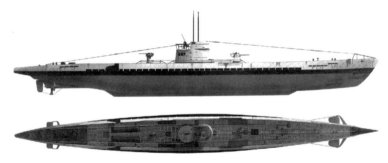

1940년 10월 8일에 취역한 U-107(위 사진)과 초대 함장인 귄터 헤슬러(아래 사진). 헤슬러의 가장 빛나는 초계임무는 1941년 3월 말부터 7월 초까지 수행한 두 번째 초계임무였다. 만 3개월이 넘는 작전 기간 중 14척을 침몰시키면서 격침 톤수 8만 6,699톤이라는 기록을 세웠다. 이는 2차 대전 중 단일 잠수함의 단일 초계임무 시 최다 격침 기록이기도 했다. 헤슬러의 총 11만 8,822톤이라는 격침 톤수는 독일군 전체에서 스물한 번째로 높았다. 세 번째 초계임무 귀환 직후 헤슬러는 잠수함전대 사령부로 배치되어 종전 시까지 잠수함을 타지 않았다.

3,641톤을 추가했다.

헤슬러의 가장 빛나는 초계임무는 3월 말부터 7월 초까지 수행한 두 번째 초계임무였다. 만 3개월이 넘는 작전 기간 중 14척을 침몰시키면서 격침 톤수 8만 6,699톤이라는 기록을 세웠다. 이는 2차 대전 중 단일 잠수함의 단일 초계임무 시 최다 격침 기록이기도 했다. 총 22발의 어뢰를 가진 9B형으로서 믿기 어려울 정도의 전투력을 발휘한 셈이었다. 헤슬러의 11만 8,822톤이라는 총 격침 톤수는 독일군 전체에서 스물한 번째로 높았다. 세 번째 초계임무 귀환 직후 헤슬러는 잠수함전대 사령부로 배치되어 종전 시까지 잠수함을 타지 않았다.

헤슬러의 뒤를 이은 2대 함장 하랄트 겔하우스Harald Gelhaus도 출중한 전과를 기록했다. 5발의 어뢰가 전부인 소형 유보트 2D형 U-143의 함장으로 1941년 8월 1,409톤짜리 한 척을 격침한 겔하우스는 1942년 1월부터 1943년 5월까지 U-107의 함장으로서 총 여섯 차례의 초계임무를 수행했다. 그 기간 동안 U-107은 19척, 9만 8,964톤을 가라앉혔다. 겔하우스의 총 10만 373톤 격침 톤수는 독일군 전체에서 34위의 기록이었다.

U-107은 아홉 번째 초계임무, 즉 겔하우스가 지휘하는 다섯 번째 임무에서 두 번의 위기를 맞았다. 1943년 3월 4일, 연합군 폭격기는 U-107을 발견하고는 폭뢰를 투하했다. U-107은 피해를 입기는 했지만 작전을 중단할 정도는 아니었다. 3월 13일에 4척, 1만 7,376톤을 침몰시킨 U-107은 9일 후인 3월 22일 또다시 폭격기의 폭뢰 공격을 받았다. 이번에는 아무런 피해도 입지 않았다.

비행기와 유보트 간의 대결

비행기와 잠수함 간의 대결은 숨바꼭질과 같았다. 유보트는 대공화기를 보유했지만 비행기를 격추하려는 시도는 하책이었다. 그보다는 빨리 물속으로 숨는 쪽이 상책이었다. 기관총만 가진 전투기나 일반적인 폭탄을 장비한 폭격기는 잠수 중인 유보트에 아무런 피해도 끼칠 수 없었다. 유보트 승무원들은 적 항공기를 발견했다는 경고음이 울린 시점부터 25초 내에 완전 잠항하도록 반복해서 훈련했다.

수중의 잠수함을 잡을 수 있는 항공기의 유일한 무기는 폭뢰였다. 폭뢰는 바닷속 특정 심도에서 터지는 신관을 가진 폭탄이었다. 1941년 연합군 비행기의 폭뢰 공격 성공률은 약 2퍼센트대였다. 40~50번 공격해야 한 번 정도 성공한다는 의미였다.

비행기가 폭뢰로 잠수함을 잡는 것은 세 가지 이유 때문에 쉽지 않았다. 첫 번째는 비행기가 잠수함을 보기 전에 잠수함이 비행기를 발견하는 경우가 더 많아서였다. 잠수함이 수면에서 눈에 띄기보다 비행기가 하늘에서 눈에 띄기가 더 쉬웠다. 두 번째는 잠수함이 수면에서 발견된 위치와 비행기가 날아가서 폭뢰를 투하하는 위치가 서로 다르기 쉬워서였다. 특정한 목표물이 있을 수 없는 바다 한가운데서 평면 좌표를 특정하기는 어려웠다. 세 번째는 잠항한 잠수함이 바닷속 얼마나 깊게까지 내려가 있는지를 알기가 어려워서였다.

연합군은 첫 번째 이유에 대한 일부 해결책을 찾아냈다. 처음에는 해를 등지고 비행하는 시도도 해봤지만 별로 소용이 없었다. 의외의 문제점은 비행기 하부 색깔이었다. 야간 작전 등에도 투입되기에 폭격기는 동체 전체를 어두운 색으로 칠했다. 수면에서 바라볼 때 보이는 부분은 바다에 반사된 햇빛이 비행기 하부에 반사된 결과였다. 바다에 반사된 햇빛은 직접 복사되는 햇빛에 비해 조도가 20분의 1 정도라 그만큼 비행기는 더 시커멓게 잘 보였다.

비행기가 유보트를 발견한 순간 이미 유보트가 잠항을 시작한 경우는 약 40퍼센트였다. 여기에 더해 발견한 유보트가 잠수를 끝내고 잠망경만 나와 있는 경우도 약 26퍼센트에 달했다. 즉, 잠수함이 비행기보다 먼저 상대방을 발견할 확률이 66퍼센트에 이르렀다.

한 가지 해결책은 비행기 하부를 하얗게 칠하는 방법이었다. 모형과 실제 시험 환경에서 하부를 하얗게 칠한 비행기는 그렇지 않은 비행기보다 동일한 발견 확률에 대해 20퍼센트 더 가깝게 잠수함에 접근이 가능했다. 실제로 1943년 중반까지 유보트가 하부를 하얗게 칠한 연합국 비행기를 먼저 발견하는 확률이 최저 10퍼센트, 최고 35퍼센트까지 떨어졌다. 이는

U-107이 1943년에 두 번의 폭뢰 공격을 받은 이유 중 하나였다.

평균 폭뢰 폭발심도 30미터의 오류

잠수함을 먼저 발견하고 가까운 위치로 날아가서 폭뢰를 투하할 수 있는 가능성은 커졌지만 문제는 여전히 미해결이었다. 연합군 폭뢰의 수중 살상 반경은 대략 6미터였다. 폭뢰 폭발 지점에서 6미터 이상 떨어진 물속에 잠수함이 있을 경우 약간의 피해를 입힐지언정 침몰시킬 가능성은 낮았다.

비행기에 폭뢰를 탑재하기 전에 미리 폭발심도를 정해놓아야 했기 때문에 투하 직전에 폭뢰의 폭발심도를 바꾸는 것은 불가능했다. 폭발심도의 결정은 함부로 할 수 없는 문제였다. 일례로, 1943년 6월, 미국 하원 군사위원장 앤드류 메이Andrew May는 태평양 전역의 미군 시찰에서 돌아온 후 기자회견에서 "일본군 폭뢰가 너무 얕은 심도에서 터지는 덕분에 우리 미군 잠수함이 잘 견디고 있다"고 말했다. 일본군은 곧바로 폭발심도를 더 깊게 조정했다.

실제적으로 폭발심도는 다음 셋 중 하나로 정하기 마련이었다. 7.5미터 깊이의 저심도, 약 20미터의 중심도, 그리고 약 30미터의 고심도였다. 평균적으로 유보트는 비행기의 폭뢰 공격을 받기 2분 전에 비행기를 발견하고 잠항을 시도했다. 2분 동안 유보트는 대략 30미터까지 잠항이 가능했다. 연합국은 1943년까지 폭뢰가 폭발심도 30미터에서 터지도록 해왔다.

저심도 폭뢰 공격으로 침몰한 전설의 U-107

물리학자 에반스 윌리엄스Evan James Williams는 위 논리의 허점을 찾아냈다. 폭뢰가 떨어지는 순간 유보트의 평균 심도는 30미터가 맞았다. 문제는 그 정도 깊이까지 잠항한 유보트의 평면 좌표는 대개 더 불확실하다는 점이었다. 즉, 고심도까지 내려간 유보트는 폭뢰의 6미터 살상반경과 3차원

위치의 불확실성을 감안하면 어차피 격침이 어려운 대상이었다. 윌리엄스는 폭발심도를 저심도로 바꾸자고 제안했다.

월리엄스의 제안에 따라 연합군은 폭뢰의 폭발심도를 저심도로 바꿨다. 바꾼 후 연합군 비행기의 폭뢰 공격 성공률은 약 9퍼센트로 올랐다. 이전보다 네 배가량 확률이 올라간 셈이었다. 유보트 승무원들은 연합군이 새로운 무기를 개발해 배치했다고 착각했다.

U-107이 로리앙을 출항한 지 이틀 만인 1944년 8월 18일, 영국 공군의 초계폭격비행정 쇼트 선더랜드Short Sunderland의 저심도 폭뢰 공격을 받았다. U-107은 승무원 58명과 함께 침몰했다.

20
쿠웨이트를 침공한 사담 후세인의 도박은 왜 실패했을까?

걸프 전쟁 당시 이라크군은 쿠웨이트에서 철수하면서 600개가 넘는 유전에 불을 질러 쿠웨이트에 막대한 경제적·환경적 피해를 입혔다.

이라크의 쿠웨이트 침공으로 인한 걸프 전쟁 발발

1991년 1월 17일 오전 2시 38분, 사우디아라비아 국경에 가까운 이라크 레이더기지가 공격을 받았다. 작전명 데저트 스톰Desert Storm, 즉 '사막의 폭풍'의 시작이었다. AH-64 아파치Apache 8대로 구성된 미 육군 공격헬기 편대는 후속하는 전폭기 편대의 안전을 위해 레이더기지를 파괴했다. 1990년 11월 29일, 유엔UN, United Nations은 이라크군이 1991년 1월 15일까지 쿠웨이트에서 철수하지 않으면 "가능한 모든 수단의 사용을 허용한다"고 결의했다. 이는 이라크를 상대로 무력 행사, 즉 전쟁도 불사하겠다는 의미였다.

1990년 8월 2일, 이라크군은 쿠웨이트를 전격 침공했다. 쿠웨이트는 어떤 면으로도 이라크의 군사력을 당해낼 재간이 없었다. 100만 명 이상의 병력과 5,000대 이상의 전차를 보유한 이라크 육군을 막아낼 쿠웨이트 육군 병력은 1만 6,000명이 전부였다. 이라크군은 공군기의 공습과 특수부대의 쿠웨이트 수도 장악까지 곁들인 끝에 쿠웨이트 영토 대부분을 반나절 만에 점령했다. 같은 날, 유엔은 이라크군의 침공을 비난하면서 즉각 철수를 요구했다. 이라크 대통령 사담 후세인Saddam Hussein은 유엔의 요구를 받아들일 생각이 없는 듯했다.

이란의 석유를 둘러싼 영국과 미국의 욕심

1908년 영국 광산업자 윌리엄 녹스 다시William Knox D'Arcy가 페르시아에서 유정을 발견한 사건은 일부에게는 축복이었지만 다수에게는 재앙이었다. 1911년에 영국의 해군장관이 된 윈스턴 처칠은 군함의 주연료를 석탄에서 석유로 바꾸는 일에 앞장섰다. 석탄은 석유에 비해 장점보다 단점이 많았다. 열효율이 떨어지기에 최고속도와 항속거리가 떨어졌고, 시커먼 연기가 발생해 먼 거리에서도 쉽게 함대의 위치가 노출되었으며, 전투 시에는 항속거리를 늘리고자 쌓아둔 갑판의 석탄을 급하게 바다에 내다버려야 했다.

그럼에도 전환 결정은 결코 쉽지 않았다. 영국 본토의 석탄 매장량은 풍부했지만 석유는 나지 않아서였다. 석유의 안정적 확보는 전환의 선결 과제였다. 1차 대전이 발발하기 약 한 달여 전인 1914년 6월 처칠은 영국 하원을 설득해 다시가 세운 영국-페르시아석유회사APOC, Anglo-Persian Oil Company의 주식 51퍼센트를 획득하게 했다. 전 세계 바다를 지배하던 제국주의 영국은 이제 아랍의 석유를 자신의 생명줄로 여기기 시작했다.

나중에 영국석유BP, British Petroleum Company로 이름을 바꾼 영국-페르시아석유회사는 순이익의 16퍼센트만 이란에 주고 나머지는 모두 가져갔다. 계약이 불공정하다고 생각한 이란인들은 개정을 요구했지만, 영국은 이란 왕 레자 샤 팔레비Reza Shah Pahlavi와 결탁해 이를 무산시켰다. 2차 대전 중에는 영국과 소련이 이란을 침공해 점령했다. 2차 대전 후 선거로 뽑힌 이란 수상 모하마드 모사덱Mohammed Mossadegh은 자국 내 유전의 국유화를 추진했다. 미국과 영국은 레자 샤 팔레비의 아들인 모하마드 레자 팔레비Mohammad Reza Pahlavi와 결탁해 모사덱을 실각시켰다. 미국은 부패한 팔레비의 권력 유지가 자국 이익에 부합한다고 결정하고는 지원을 아끼지 않았다. 일례로, 팔레비의 이란은 1976년부터 F-14 톰캣Tomcat 79기를 인도받았다. 이는 1974년에 미 해군에 배치된 최신예 전투기 톰캣이 수출된 지금까지도 유일한 경우였다.

1979년 1월 이란인들은 혁명을 통해 팔레비를 쫓아냈다. 미국은 이제 이란을 무너뜨리기를 원했다. 이란의 옆 나라 이라크에서는 1968년 쿠데타를 통해 아메드 하산 알-바크르Ahmed Hassan al-Bakr가 권력을 쥐었다. 바크르는 1972년 소련과 군사 분야를 포함한 우호조약을 맺었다. 미국은 바크르의 이라크를 약화시키기 위해 이라크로부터 독립하기를 희망하는 쿠르드인들을 지원했다.

바크르는 서구의 의도대로 조각나 있지 말고 하나의 범아랍인국가로 통일해야 한다는 지론의 소유자였다. 1979년 바크르는 이라크와 시리아 간 통일을 위한 조약을 시리아 대통령 하페즈 알-아사드Hafez al-Assad와 체결했다. 이라크 첩보조직을 장악한 2인자 사담 후세인은 1979년 6월 강제로 바크르를 끌어내리고 대통령이 되었다. 이는 서구의 이익에 부합하는 행위였다. 후세인은 1980년 9월 이란을 기습공격함으로써 전쟁을 시작했다. 미국은 만 8년간 계속된 이란-이라크 전쟁 중 다양한 방식으로 이라크를 지원했다.

미국의 선택지, 이라크의 선택지

이라크의 쿠웨이트 점령에 대해 미국이 선택할 수 있는 방안은 크게 두 가지였다. 하나는 지구 반 바퀴를 돌아서 군대를 보내는 방안이었다. 군대를 보내도 100만 명 이상의 병력과 10년 가까운 실전 경험을 가진 이라크군을 물리친다고 속단하기는 어려웠다. 물리친다고 하더라도 적지 않은 병력 손실을 감수해야 할지도 몰랐다. 약 10여 년 전의 미국-베트남 전쟁에서 수많은 미국 젊은 병사들이 죽고 다침에 따라 미국은 특히 자국군의 인적 피해에 민감했다. 다른 선택지는 무력 대응을 삼가고 외교적 해결을 시도하는 방안이었다.

이라크가 선택할 수 있는 방안도 크게 보면 두 가지였다. 하나는 유엔의 요구를 무시하고 그대로 쿠웨이트에 대한 군사적 점령을 유지하는 안이었다. 다른 하나는 유엔의 요구에 응해 군대를 철수하는 대안이었다.

사실 미국 입장에서 최선의 시나리오는 외교적 해결을 시도해 성공하는 경우였다. 그렇게만 된다면 자국군의 병력 피해를 걱정할 일도 없고 막대한 전쟁 비용을 쓸 일도 없었다. 차선의 시나리오는 파병을 통해 이라크군을 철수시키는 경우였다. 같은 목표가 달성되었지만 적지 않은 파병 비용을 감수해야 하기 때문이었다. 세 번째로 좋은, 즉 차악의 시나리오는 파병했지만 이라크군이 철수하지 않고 버티는 경우였다. 전쟁의 결과가 불확실한 데다가 설혹 이긴다 하더라도 엄청난 피해를 볼 가능성이 상당했다. 마지막 최악의 시나리오는 외교적 해결을 선택했지만 아무런 소득도 얻지 못하는 경우였다. 당시 미국 대통령이었던 아버지 부시George H. W. Bush로서는 재선되기 어려운 시나리오였다.

후세인의 선택을 미리 알 수만 있다면 미국의 선택은 쉬울 수 있었다. 후세인이 알아서 철군한다면 당연히 외교적 노력을 선택하는 쪽이 미국에 유리했다. 하지만 후세인이 철군하지 않는다면 외교적 노력은 미국에 최악의 결과를 가져올 터였다.

훤히 드러나고 만 이라크의 패

이라크의 선택을 미리 알 수 없으니 미국이 이러지도 저러지도 못하는 난처한 입장에 처한 것처럼 보일 수도 있었지만, 흥미롭게도 상황은 꼭 그렇지만도 않았다. 이를 이해하려면 입장을 바꿔 볼 필요가 있었다. 후세인의 입장에서 미국이 외교적 노력을 선택하면 군대를 철수시키지 않는 쪽이 유리했다. 철군하면 모처럼 획득한 새로운 영토와 막대한 유전을 포기하게 되지만 철군하지 않으면 다 갖게 되는 셈이었다.

또한 미국이 군대를 파견하더라도 철수하지 않고 버티는 쪽이 후세인에게 더 나았다. 미국의 군사적 대응에 굴복해 철군했다가는 곧바로 정치 생명이 끝날 지도 몰랐다. 버티다 보면 미군이 물러갈 가능성도 있었고, 또 전쟁이 벌어져도 이기지 말란 법이 없었다. 미국이 어떤 선택을 하던 후세인은 쿠웨이트 점령을 유지하는 게 경제적 관점에서 합리적이었다.

이 사실을 깨닫고 나면 미국의 결정은 당연할 수밖에 없었다. 후세인이 철군하지 않을 것이므로 외교적 노력은 무용지물이었다. 이제 남은 선택지는 군사적 행동뿐이었다. 미국에게 전쟁은 결코 낯선 영역이 아니었다. 영국으로부터 독립을 이룬 방법이 바로 전쟁이었다. 독립 후에는 북아메리카에 살던 수많은 인디언 부족을 상대로 100년 가까이 정복전쟁을 치렀다. 19세기에는 스페인과 멕시코를 상대로 전쟁을 벌였고, 영국, 프랑스와 함께 2차 아편전쟁에서 청나라를 공격했으며, 남과 북으로 나뉘어 내전을 치렀다. 20세기 초반에는 니카라과, 아이티, 도미니카를 공격해 점령했고, 걸프 전쟁 전에는 그라나다와 파나마를 침공했다.

미국은 혼자서 전쟁에 돌입하지는 않았다. 미국 외 34개 국가가 이른바 다국적군의 일원이 되었다. 물론 약 95만 명에 달하는 다국적군의 주력은 70만 명 가까이 참전한 미군이었다. 전쟁 비용은 예상대로 어마어마했다. 미군은 당시 돈으로 70조 원 이상의 돈을 썼다. 그 돈 모두를 미국인들이

미국은 혼자서 걸프 전쟁에 돌입하지 않았다. 미국 외 34개 국가가 이른바 다국적군의 일원이 되었다. 전쟁 비용은 예상대로 어마어마했다. 미군은 당시 돈으로 70조 원 이상의 돈을 썼다. 그 돈 모두를 미국인들이 짊어지지는 않았다. 그중 약 60조 원을 다른 나라가 지불했다. 자신들의 왕정 체제에 큰 위협이라고 느낀 중동국가들이 40조 원 이상을, 그리고 헌법상 파병이 불가능한 경제대국 독일과 일본이 각각 약 7조 원과 12조 원 정도를 부담했다.

짊어지지는 않았다. 그중 약 60조 원을 다른 나라가 지불했다. 자신들의 왕정 체제에 큰 위협이라고 느낀 중동국가들이 40조 원 이상을, 그리고 헌법상 파병이 불가능한 경제대국 독일과 일본이 각각 약 7조 원과 12조 원 정도를 부담했다. 걸프 전쟁은 1991년 2월 28일 다국적군의 승리로 끝났다.

21
역사상 최대 규모 전차전 중 하나인
브로디 전투에서
병력과 전차에서 열세였던
독일이 승리한 원동력은?

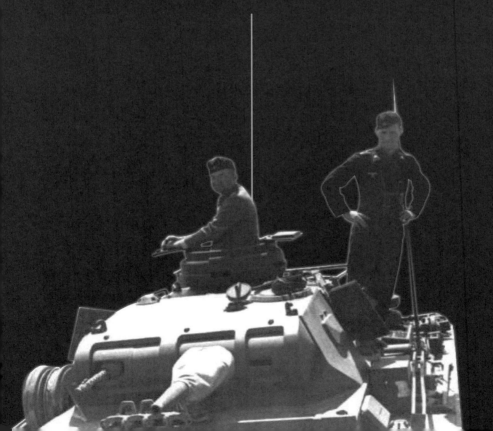

2차 대전 초반이던 1941년 6월 독일과 소련이 우크라이나 일대에서 맞붙은 브로디 전투는 쿠르스크 전투 전까지 최대 규모의 전차전으로 기록되어 있다. 소련군 전차 BT-5가 독일군 공격을 받고 화염에 휩싸인 가운데 무장한 독일군이 쓰러져 있는 소련군 병사에게 다가가고 있다.

소련의 6분의 1에 불과한 독일 전차 수

1941년 6월 22일, 독일군은 소련을 향해 전격전을 개시했다. 바르바로사 Barbarossa (붉은 수염) 작전에서 동부전선의 독일군은 3개 군집단으로 구성되었다. 그중 3개 군으로 구성된 남부군집단은 가장 남쪽의 우크라이나 전역을 담당했다. 위쪽의 6군, 아래쪽의 17군, 그리고 중앙의 1전차군 중 공격의 주력은 당연히 가운데에 위치한 1전차군이었다.

독일 1전차군은 3개 전차군단으로 구성되었다. 13전차사단과 14전차사단이 속한 3전차군단은 296대, 11전차사단과 16전차사단이 속한 48전차군단은 289대, 9전차사단이 속한 14전차군단은 143대의 전차를 보유했다. 다 합치면 독일 1전차군의 전차 대수는 728대에 이르렀다.

독일 1전차군의 상대는 소련의 2개 군, 즉 5군과 6군이었다. 5군에는 9기계화군단, 19기계화군단, 22기계화군단이 있었고, 6군에는 4기계화군단, 8기계화군단, 15기계화군단이 있었다. 각 기계화군단에는 2개 전차사단이 소속되었다. 전차군단 수로 비교하면 3개 군단 대 6개 군단, 전차사단 수로 비교하면 5개 사단 대 12개 사단의 대결이었다.

독소전쟁 개전 시점의 정상적인 소련 기계화군단은 2개 전차사단과 1개 기계화사단으로 구성되었다. 각 전차사단에는 2개 전차연대가 있었고, 기계화사단에도 1개 경전차연대가 있었다. 이를 다 합치면 1개 기계화군단에는 1,031대의 전차가 있어야 했다. 정상적인 편제라면 6개 기계화군단이 보유할 전차 수는 6,186대에 달했다.

물론 실제 전차 수는 이보다는 적었다. 북쪽에 위치한 5군에는 1,465대의 전차가 있었다. 특히 9기계화군단은 정원에 한참 미달하는 300대밖에 갖지 못했다. 게다가 T-26 144대, BT-5와 BT-7 134대 등 태반이 경전차였다. 453대를 보유한 19기계화군단과 712대를 가진 22기계화군단도 상황은 비슷했다.

남쪽에 위치한 6군은 5군보다 강했다. 4기계화군단의 979대, 8기계화군단의 932대, 15기계화군단의 749대를 합치면 6군은 총 2,660대의 전차를 보유했다. 해당 전역의 소련군 전차 수는 모두 4,125대로 독일군의 약 5.7배였다.

독일 1전차군의 1차 목표는 공격 개시선에서 약 100킬로미터 떨어진 브로디Brody였다. 브로디를 점령하면 300킬로미터 정도 더 가면 나오는 우크라이나의 수도 키예프Kiev로 가는 길이 열렸다. 쇄도해 들어오는 독일 1전차군을 상대로 소련 5군과 6군은 위와 아래에서 양면 공격을 시도했다. 지도상으로는 완벽한 협동 공격이었다. 대부분의 전투는 브로디, 두브노Dubno, 루츠크Lutsk를 연결하는 삼각지에서 벌어졌다. 덕분에 이 전투는 나중에 브로디 전투 혹은 두브노 전투라고 알려졌다.

브로디 전투의 승패를 예측하기는 결코 어렵지 않았다. 단적으로 728대와 4,125대의 싸움이었다. 피로스가 로마를 상대로 싸울 때조차도 이보다 한참 덜한 병력 열세를 극복하지 못하고 패했다. 전투에 승리하려면 적보다 많은 병력을 가져야 함은 상식 중의 상식이었다. 전차 수량의 차이는 곧 생산력, 즉 경제력의 차이기도 했다.

물론 이 얘기가 성립하려면 한 가지 전제조건이 충족되어야 했다. 바로 양쪽 군대의 전투력이 똑같다는 조건이었다. 전투력은 경제의 총요소 생산성과 비슷한 개념이었다. 경제학은 측정이 가능한 자본과 노동량으로 세상을 보려 했다. 당연하게도 모든 생산량의 증가가 자본과 노동량의 변화 때문은 아니었다. 경제학은 이를 직접 구할 방법을 몰랐다. 그저 설명되지 않는 생산량 증가를 총요소생산성이라는 간접적인 요소로 설명할 따름이었다. 즉, 총요소생산성이 경제의 효율을 나타내는 지표라면, 전투력은 전투의 효율을 나타내는 지표였다.

전차 성능마저 뒤졌건만 압승

전투력과 관련이 있는 개별 전차의 성능 면에서도 독일 1전차군은 소련 5군과 6군의 상대가 되지 못했다. 독일 전차 중 상대적으로 공격력이 높은 전차는 3호 전차와 4호 전차였다. 3호 전차 중 최신형인 F/G/H는 42구경장의 50밀리미터 포를 가졌다. 포구속도가 초속 685미터인 이 포는 1,000미터 거리에서 36밀리미터의 장갑을 관통할 수 있었다. 4호 전차 초기형은 대전차 전투보다는 보병을 지원하기 위한 움직이는 야포에 가까웠다. 장착된 24구경장의 단포신 75밀리미터 포는 포구속도가 초속 385미터밖에 안 되었다. 1,000미터 거리에서 35밀리미터의 장갑을 뚫는 이 포의 관통력은 42구경장 50밀리미터 포에도 못 미쳤다.

소련군의 공격력 높은 전차로는 T-34와 KV-1이 있었다. 초기형 T-34와 KV-1은 31.5구경장의 76.2밀리미터 포를 가졌고, 1941년에 생산된 T-34와 KV-1은 42.5구경장의 76.2밀리미터 포를 가졌다. 전자는 초속

3호 전차

4호 전차

독일 전차 중 상대적으로 공격력이 높은 전차는 3호 전차(왼쪽)와 4호 전차(오른쪽)였다. 3호 전차 중 최신형인 F/G/H는 42구경장의 50밀리미터 포를 가졌다. 포구속도가 초속 685미터인 이 포는 1,000미터 거리에서 36밀리미터의 장갑을 관통할 수 있었다. 4호 전차 초기형은 대전차 전투보다는 보병을 지원하기 위한 움직이는 야포에 가까웠다. 장착된 24구경장의 단포신 75밀리미터 포는 포구속도가 초속 385미터밖에 안 되었다. 1,000미터 거리에서 35밀리미터의 장갑을 뚫는 이 포의 관통력은 42구경장 50밀리미터 포에도 못 미쳤다.

T-34

KV-1

소련군의 공격력 높은 전차로는 T-34와 KV-1이 있었다. 초기형 T-34와 KV-1은 31.5구경장의 76.2밀리미터 포를 가졌고, 1941년에 생산된 T-34와 KV-1은 42.5구경장의 76.2밀리미터 포를 가졌다. T-34는 초속 613미터의 포구속도에 1,000미터 거리에서 50밀리미터의 장갑을 뚫는 관통력을 가졌고, KV-1은 초속 680미터의 포구속도에 1,000미터 거리에서 60밀리미터의 장갑을 뚫는 관통력을 가졌다. 같은 거리에서 싸웠을 때 소련 전차의 관통력이 독일 전차의 관통력보다 1.6배 이상 컸다.

613미터의 포구속도에 1,000미터 거리에서 50밀리미터의 장갑을 뚫는 관통력을 가졌고, 후자는 초속 680미터의 포구속도에 1,000미터 거리에서 60밀리미터의 장갑을 뚫는 관통력을 가졌다. 즉, 같은 거리에서 싸웠을 때 소련 전차의 관통력이 독일 전차의 관통력보다 1.6배 이상 컸다.

방어력에서도 독일 전차는 소련 전차에 비해 열세였다. 단포신 4호 전차의 전면장갑은 두께가 50밀리미터였고, 3호 전차의 전면장갑 두께는

30밀리미터에 그쳤다. 반면 T-34의 전면장갑 두께는 52밀리미터로 단포신 4호전차보다 두꺼웠고, KV-1의 전면장갑은 90밀리미터에 달했다.

이 두 가지 사실을 합치면 흥미로운 결과가 도출되었다. 즉, 1,000미터 거리에서 포화를 주고 받았을 때 T-34와 KV-1은 독일의 모든 전차를 파괴할 수 있는 반면, 모든 독일 전차는 T-34와 KV-1을 파괴할 수 없다는 것이었다. 실제 전투에서도 독일 전차의 포탄이 T-34와 KV-1의 장갑을 뚫지 못하고 튕겨 나오는 일이 부지기수로 발생했다. 특히 KV 전차는 독일 전차병들에게 충격 그 자체였다. 아주 가까운 거리에서조차도 독일 전차가 소련의 KV 전차를 파괴할 방법이 없었다. 같은 시기의 다른 전역에서는 길을 막고 버티고 있는 단 한 대의 KV 전차 때문에 독일군 1개 전차 사단의 전진이 하루 동안 지연되기도 했다.

수적으로 열세인 독일 1전차군의 모든 전차가 3호 전차나 4호 전차일 리도 없었다. 기관총이 무기의 전부인 1호 전차와 2호 전차가 273대였고, 공격력이 부족한 37밀리미터 포를 가진 체코 전차 38(t)와 3호 전차 E가 100대였다. 총 728대의 전차 중 대전차 전투력이 상대적으로 높은 3호 F/G/H와 단포신 4호 전차는 모두 합쳐서 355대에 그쳤다. 반면, 소련 5군에는 T-34와 KV 전차가 36대, 소련 6군에는 719대가 있었다. 소련군은 이 둘을 합친 755대만으로도 독일군의 전차 대수를 능가했다.

병력 아닌 전투력에서 갈린 승패

6월 30일까지 9일간 벌어진 브로디 전투에서 독일 1전차군은 보유 전차의 반 가까이 잃을 정도로 적지 않은 피해를 입었다. 특히 소련 8기계화군단과 격전을 벌인 독일 48전차군단은 39대까지 전차 대수가 줄어들었다.

소련군의 피해는 비교가 민망한 수준이었다. 구체적으로, 전투 이전에 932대가 있었던 소련 8기계화군단의 경우 전투 후 207대만 남았다. 독일

브로디 전투에 참전한 소련군 19기계화군단의 전차 T-26들이 우크라이나 서북부 루츠크 지역에서 파손된 채 방치되어 있다.

48전차군단이 250대의 손실을 입는 동안 725대를 잃은 것이었다. 453대였던 소련 19기계화군단은 32대로, 712대였던 소련 22기계화군단은 136대로 줄어들었다. 749대였던 소련 15기계화군단은 7퍼센트에 불과한 53대만 남았다.

가장 인상적인 부대는 소련 4기계화군단이었다. 개전 이전에 979대의 전차를 보유한 4기계화군단은 소련의 6개 기계화군단 중 가장 전차 수가 많았다. 뿐만 아니라 T-34를 313대, KV를 101대 보유했다. 다시 말해 4기계화군단이 보유한 T-34와 KV의 총합 414대는 나머지 5개 기계화군단이 보유한 T-34와 KV의 총합 341대보다도 많았다. 개전일인 6월 22일부터 7월 초까지 아무런 전투를 치르지 않은 4기계화군단의 7월 12일자 잔존 전차 대수는 68대였다. 911대의 전차가 마치 한여름의 아이스크림이 녹아 없어지듯 사라졌다. 주된 이유는 정비 불량, 기계 고장, 연료 보급 혼란, 유기 등이었다.

　브로디-두브노를 지켜내는 데 실패한 소련군은 결국 뒤로 물러섰다. 소련군 6개 기계화군단의 잔존 전차 수는 796대였다. 압도적인 전투력에 힘입어 독일 1전차군은 역사상 최대 규모 전차전 중 하나인 브로디 전투에서 승리를 거뒀다.

22
영국과 미국의
드레스덴 폭격은
얼마나
효과적이었나?

1945년 2월 영국과 미국 공군의 무차별 폭격을 당한 직후 독일 드레스덴의 모습.

민간인 살상과 도시 전체 파괴가 목적이었던 드레스덴 폭격

2차 대전에서 독일의 패망이 얼마 남지 않았던 시점인 1945년 2월 13일, 독일 드레스덴Dresden의 밤하늘이 새까맣게 뒤덮였다. 영국 공군 폭격기편대의 야간 공습이었다. 공습경보를 알리는 사이렌은 밤 9시 51분부터 울리기 시작했다. 첫 번째 폭탄은 밤 10시 13분에 투하되었다.

드레스덴이 연합군의 폭격을 받는 일은 이번이 처음은 아니었다. 미 8공군은 1944년 10월 7일, 드레스덴 중심가에 있는 철도 야적장을 두 차례에 걸쳐 70톤의 고폭탄으로 폭격했다. 또 1945년 1월 16일에도 같은 목표물을 대상으로 133대의 폭격기가 300톤이 넘는 폭탄을 떨어뜨렸다.

영국 5폭격비행단의 2월 13일 폭격은 여러 가지 면에서 이전의 폭격과 달랐다. 이날 폭격의 목표물은 군사상의 목적에 사용되는 교통선이나 군사저장소가 아니었다. 그냥 도시 전체였다. 전면적인 민간인 살상과 도시 전체 파괴가 그 목적이었다.

드레스덴은 2차 대전 개전 전 독일에서 일곱 번째로 큰 도시였다. 드레스덴보다 큰 여섯 도시는 이미 연합군 폭격에 의해 완전히 폐허가 된 후였다. 드레스덴에 공장지구가 없지는 않았다. 항공기부품 공장이나 야포 공장 등이 존재했다. 이들은 도심이 아닌 도시의 교외에 위치해 있었다. 교외는 이날 폭격되지 않았다. 즉, 영국 공군의 이날 드레스덴 폭격은 우발적인 사건이 아니었던 것이다. 특정 군사교리에 입각한 계획된 공격이었다. 이름하여 '전략폭격'이라는 교리였다.

적진을 무차별 파괴하는 전략폭격

항공전력은 크게 보면 두 가지 역할을 수행했다. 하나는 적의 항공전력을 약화시키는 전투 임무였다. 다른 하나는 적의 육상이나 해상전력을 공격하는 폭격 혹은 공격 임무였다. 어느 쪽이든 공격의 대상이 적의 군대나 직접적인 군사시설물이라면 이상할 게 없었다.

전략폭격은 앞에서 언급한 일반적인 폭격과 구별되었다. 전략폭격의 공격 목표는 적의 군대가 아니었다. 전쟁수행에 도움이 되는 적의 경제적 능력 파괴가 1차적 목표였다. 경제라는 단어가 갖는 함의를 감안컨대 이는 전쟁 상대국의 모든 영역을 목표로 했다. 식량을 필요로 하지 않는 군대란 없으므로 모든 논밭을 불태워버리는 일은 전략폭격의 합당한 목표였다. 옷을 입지 않는 군인은 없으므로 모든 섬유공장을 폭파하는 일은 전략폭격의 적합한 목표였다. 살려뒀다가는 총 들고 싸울 수 있는 데다가 아기를 낳을 수도 있으므로 모든 여자를 죽이는 일은 전략폭격의 타당한 목표였다.

전략폭격에는 이 1차적 물리적 파괴에 더해 2차적 정신적 목표도 있었다. 바로 적국 민간인들의 싸우려는 의지와 사기를 꺾는 일이었다. 전략폭격에 의해 도시에 살고 있는 가족과 친구가 죽고, 건물이 무너지고, 길거리가 화염에 휩싸이면 싸우기보다는 항복하리라는 가정이었다. 전략폭격

전략폭격은 적의 전쟁수행 능력 또는 전쟁의지를 없애기 위해 도시나 주요 생산시설, 동력시설, 교통·통신시설, 정치·군사의 중추부, 미사일 및 전략공군기지 등을 대상으로 실시하는 폭격을 말한다.

의 이러한 측면을 노골적으로 드러내는 용어도 있었다. 이름하여 '테러폭격'이었다. 적국의 시민사회가 극심한 공포를 겪게 만듦으로써 허물어뜨리려는 간접적인 방법이었다. 달리 말해 무장한 상대방을 직접 상대하지 않고 비무장 상태인 상대방의 아내, 부모, 자식을 노리는 치사한 방법이었다.

"폭격기는 언제나 끝장낸다"

전략폭격의 아이디어는 이탈리아 군인 줄리오 두에^{Giulio Douhet}에서 비롯되었다. 1차 대전 때 연합국의 일원이었던 이탈리아군은 전쟁 내내 부족한 전투력으로 고생했다. 종전 후 출간한 책에서 두에는 융단폭격과 화학무기에 대한 방어 수단은 존재하지 않는다고 주장했다. 그는 특히 민간인의 의지를 꺾는 데 주목했다. 두에는 무솔리니Benito Mussolini의 파시즘 정권에서 항공장관으로 일했다.

이후 두에의 주장에 동조하는 군인들이 여러 나라에서 나타났다. 영국의 휴 트렌차드Hugh M. Trenchard와 아서 해리스Arthur Travers Harris, 미국의 빌리 미첼Billy Mitchell과 커티스 르메이Curtis LeMay 등이 대표적이었다. 이들의 모토는 "폭격기는 언제나 끝장을 내지"였다. 두에의 생각을 실전에 적용한 최초 사례는 1920년대의 영국 공군이었다. 현재의 이란과 이라크에 해당하는 지역을 식민지로 지배하던 영국은 전략폭격을 주저하지 않았다. 당시 폭격기대대장이었던 아서 해리스는 "아랍인과 쿠르드인은 45분 내로 큰 마을 하나가 완전히 쓸려나가고 주민의 3분의 1이 죽거나 다칠 걸 알지"라며 자랑스러워했다.

전략폭격에 대한 관심을 보인 나라가 영국과 미국만은 아니었다. 중일 전쟁이 시작된 1937년부터 일본은 난징南京과 충칭重慶에 대해 무차별 폭격을 가했다. 특히 1939년 5월 3일부터 이틀 동안 72대의 폭격기가 약 600톤의 폭탄을 70만 여명이 사는 충칭의 주택가에 떨궜다. 독일도 스페인 내전 기간 중 파견한 레기온 콘도르Legion Condor를 통해 전략폭격을 실험했다. 파블로 피카소Pablo Picasso가 〈게르니카Guernica〉라는 작품을 그림으로써 참상을 고발한 1937년 4월 26일의 게르니카 폭격이 한 예였다.

전략폭격의 효과에 대한 의구심은 이미 스페인 내전 때부터 생겨났다. 게르니카 건물의 4분의 3을 완전히 무너뜨린 레기온 콘도르의 폭격은 7,000명 바스크인의 당장의 저항의지는 꺾었을지 몰라도 나머지 스페인 사람들의 적개심은 오히려 키워놓았다. 또한 폭격기와 전투기 사이의 속도 경쟁에서 전투기가 우세를 점하면서 "폭격기는 언제나 끝장을 내지"라는 말이 성립되기 어렵다는 관찰이 이뤄졌다.

162

'도살자'들의 세 차례 출격

"도살자"라는 별명을 가진 아서 해리스가 이끄는 영국 폭격기사령부는 아랑곳하지 않았다. 1파를 구성한 254기의 랭카스터Lancaster는 총 875톤의 폭탄을 드레스덴 시가지에 투하했다. 특히 500톤의 고폭탄에 더해 375톤의 소이탄, 즉 인화물질이 추가되었다. 고폭탄이 창문이나 문, 그리고 지붕 등을 날리면 인화물질이 건물 구석구석까지 침투해 불을 지르기 위함이었다. 그렇게 되면 건물에 숨은 사람을 산소 부족으로 질식사시킬 수 있었다. 영국 공군은 민간인 살상률을 더 높이기 위해 1파 공격 후 약 3시간 후로 2파 공격을 준비했다. 이제 공습은 끝났다고 생각한 독일인들이 부상자를 나르는 시점을 노린 거였다. 529기의 랭카스터는 2월 14일 오전 1시부터 2시 사이에 1,800톤 이상의 폭탄을 더 떨어뜨렸다. 마무리는 B-17 316기로 구성된 미국 8공군 폭격기편대였다. 이들은 2월 14일 점심 때 782톤의 폭탄을 이미 완전 폐허 상태인 드레스덴에 추가 투하했다. 미 공군도 고폭탄과 인화물질의 비율을 약 6 대 4로 맞췄다. '테러폭격'이라는 말이 껄끄러웠던 영국 공군은 전략폭격을 두고 '지역폭격'이나 '사기폭격', 미 공군은 '정밀폭격'이라 불렀다.

전략폭격은 비단 폭격을 당하는 민간인들에게만 가혹하지 않았다. 사람이 많이 사는 대도시를 목표로 하다 보니 적국 깊숙이 장거리 비행을 감수해야 했다. 그만큼 적 전투기의 요격과 대공포의 화망에 격추될 가능성이 높았다. 2차 대전 중 영국 폭격기사령부 소속 조종사 총원 12만 5,000명 중 5만 5,573명이 전사하고 8,403명이 부상을 입고, 9,383명이 포로로 잡혔다. 44퍼센트가 넘는 폭격기 조종사의 사망률은 1차 대전 때 보병 장교의 사망률보다도 높았다.

영국 공군의 드레스덴 폭격에는 추가적인 목적이 하나 더 있었다. 독일 동쪽에 위치한 드레스덴은 미국이나 영국보다는 소련이 점령할 가능성이 더 컸다. 소련이 점령하기 전에 영국 폭격기사령부가 무엇을 할 수 있는 지를 과시하려는 목적이었다. 실제로 드레스덴은 소련이 점령한 후 동독 의 일부가 되었다.

뜻한 바를 이루기는 했나

폭격 후 드레스덴의 거의 모든 건물은 파괴되고 불탔다. 영국 공군의 평가에 의하면 공장지구의 건물 23퍼센트와 상업지구의 건물 56퍼센트가 심각하게 손상되었다. 주거지구의 집은 약 7만 8,000채가 완전히 무너져 내렸고, 2만 8,000채 정도가 거주가 불가능할 정도로 손상되었으며, 약 6만 5,000채가 피해를 입었다. 집 한 채당 4명의 가족을 가정하면 최소 40만 명 이상의 시민이 살 집을 잃었다. 인적 피해는 약 64만 명의 시민 중 최소 2만 5,000명이 사망했다. 전쟁 당시 독일 선전기구는 20만 명 이상이 학살되었다고 주장했지만 이는 과장된 숫자였다. 부상자는 너무 많아서 공식 집계조차 시도되지 않았다.

드레스덴 폭격에서 연합군이 의도한 목표를 달성했는지는 불분명했다. 종전 후 포로가 된 독일 군수장관 알베르트 슈페어Albert Speer를 심문한 결과에 의하면 드레스덴의 산업 생산은 폭격 후 급속히 회복되었다. 드레스덴을 폭격하지 않아도 독일의 항복과 서부전선의 진격은 어차피 예상이 가능했다. 드레스덴의 참화를 보고 소련이 겁을 먹었는지도 확실하지 않았다.

23
피사-피렌체 전쟁에서 용병 고용이 피사에게 '독이 든 성배'가 된 까닭은?

12세기 무역 중심지 피사와 오랜 라이벌 피렌체의 대결

1363년 말 피사Pisa는 오랜 라이벌 피렌체Firenze를 굴복시킬 수 있다는 희망에 부풀었다. 피사군을 이끄는 조반니 아쿠토Giovanni Acuto 때문이었다. 그는 약삭빠르고 교활한 군인으로 명성이 높았다.

이탈리아 중부 토스카나Toscana를 지나는 아르노Arno강 하구에 위치한 덕분에 피사는 12세기에 무역 중심지로서 힘을 얻었다. 피사는 강력한 함대에 힘입어 중동과 북아프리카 등에 식민지를 건설했다. 해양공화국으로서 최전성기의 피사는 베네치아Venezia 및 제노바Genova와 자웅을 겨뤘다. 특히 아드리아해의 맹주 베네치아보다는 리구리아해와 티레니아해를 공유하는 제노바와 치열하게 경쟁했다. 1284년 멜로리아 해전Battle of Meloria에서 갤리 72척의 피사 해군은 88척의 제노바 해군에게 함대의 반과 귀중한 선원 5,000명의 목숨을 잃었다. 바다로 나가는 길이 막힌 피사는 이제 토스카나 서쪽 내륙의 피렌체와 대결을 벌이게 되었다.

병력 열세 피사의 고육책은

무역이 급감한 해상국가 피사가 내륙에 탄탄한 기반을 가진 피렌체와 육전에서 승리하기는 쉽지 않았다. 1315년 몬테카티니 전투Battle of Montecatini에서 수적으로 우세한 나폴리Napoli와 피렌체의 연합군을 물리치기도 했지만 일회성 승리에 가까웠다. 1348년 흑사병이 이탈리아 전역을 덮치면서 상황은 더욱 악화되었다. 발병 전 4만 명 수준이었던 피사의 인구는 약 2만 5,000명으로 줄었다. 인구가 9만 명에서 4만 5,000명으로 감소한 피렌체의 피해가 더 컸지만 동원 가능한 병력의 절대수라는 면으로 피사는 위태로웠다.

피사는 돈으로 군대를 사는 결정을 내렸다. 쉽게 말해 용병을 고용해 전쟁을 벌이자는 생각이었다. 1337년 프랑스와 영국 사이의 백년전쟁이 시

피사는 해상무역로 확보를 위해 1363~1364년 피렌체와 전쟁을 치르는 과정에서 백년전쟁 휴전 이후 일거리를 찾아다니던 용병단 중 '백색단'을 고용했다. '자유단'으로도 불린 이들 용병단 중에는 브히녜 전투(Battle of Brignais, 1362)에서 프랑스 정규군을 격파하며 유명세를 떨친 무리도 있었다. 위 그림은 프랑스 궁정작가 장 프루아사르(Jean Froissart, 1337~1405)의 백년전쟁 기록인 '프루아사르 연대기' 중 브히녜 전투를 묘사한 삽화다.

작되면서 전투가 직업인 사람들이 유럽 각지에서 모여들었다. 20년 넘게 계속된 파괴와 약탈의 피로감이 커지자 양국은 1360년 브레티니 조약Treaty of Brétigny을 맺고 휴전했다. 할 일이 없어진 군인들은 떼로 몰려 다니며 일거리를 찾았다. 피사는 그중 '화이트 컴퍼니White Company', 즉 백색단을 고용했다. 이들이 갑옷 위에 입는 덧옷이 하얀색이라 붙은 이름이었다. 오늘날 회사로 번역되는 영어 컴퍼니는 원래 "빵을 같이 먹는 무리", 곧 당시의 무장단체를 지칭했다. 현대의 이른바 민간군사회사^{PMC}는 백색단과 같은 용병회사의 직계 후손이었다.

백색단은 그러한 용병단 중 하나였다. 프랑스 동부에서 비롯된 이들은 샹파뉴^{Champagne}와 부르고뉴^{Bourgogne}를 거쳐 1360년 겨울 퐁생테스프리$^{Pont-Saint-Esprit}$에 진지를 폈다. 근방의 아비뇽^{Avignon}에 있던 교황 인노첸시오 6세$^{Innocentius VI}$는 약탈을 중지하라고 명했다. 파문이 두려웠던 용병 무리는 스페인과 이탈리아의 두 곳에서 교황을 위해 싸우기로 계약을 맺었다. 이탈리아로 들어간 백색단은 1362년 몽페라트^{Montferrat} 후작을 위해 사부아^{Savoie}를 공격해 승리했다. 이어 1363년 4월 칸투리노 전투$^{Battle of Canturino}$에서 이름난 콘도티에로^{Condottiero} 콘라트 폰 란다우$^{Konrad von Landau}$가 이끄는 '그레이트 컴퍼니$^{Great Company}$'를 이겼다. 이탈리아말로 콘도타^{condotta}는 계약을, 콘도타에서 파생된 콘도티에로^{condottiero}는 '계약을 맺는 자'를 의미했다. 즉, 콘도티에로는 용병회사의 대표였다.

경제학 관점에서 본 용병 고용

경제학의 관점에서 보면 용병 고용은 합리적인 행위였다. 첫째로 용병은 징병에 비해 사회의 자원을 보다 효율적으로 활용한다고 주장할 수 있었다. 강제로 징집된 애송이보다 오랜 실전으로 단련된 용병의 개별 전투력이 높으리라는 점은 부인하기 어려웠다. 즉, 용병은 적성과 학습을 통해 전투에 최적화된 노동력으로서 분업 혹은 무역의 비교우위와 맥을 같이했다. 둘째로 지불한 돈에 비해 얻는 효용이 크다면 용병 채용은 정당하다고 경제학은 주장했다. 발생한 거래는 시장을 증명하며 시장은 효용의 최대화를 담보하는 기구였다.

용병들은 조국도 없고 주인도 없었다. 말하자면 자유로운 몸이었다. 그런 의미에서 이들은 '자유단'이라는 이름으로도 불렸다. 물론 이들의 자유는 돈으로 매수 가능한 상품화된 자유였다. 누구든 돈만 내면 이들의 창을 부릴 수 있었다. 말하자면 용병회사는 그저 돈 주는 사람의 뜻을 따르는 청부업자였다.

자유단에게 전투는 철저히 비즈니스였다. 용병이 바라는 일은 딱 두 가지였다. 첫째, 전쟁이 끝나지 않고 계속되기를 원했다. 그래야 계속해서 돈을 벌 수 있었다. 둘째, 위험한 일은 피해야 했다. 진짜로 싸우다가 죽기라도 하면 그보다 큰 손해는 없었다. 무장하지 않은 시민을 상대로는 폭력을 행사하다가도 상대방 용병을 만나면 서로 싸우는 시늉만 했다. 용병의 행태를 한평생 지켜본 니콜로 마키아벨리Niccolò Machiavelli는 『군주론』에서 "용병은 아군과 함께 있을 때는 용감하지만 적과 마주치면 비겁해진다"고 썼다. 콘도티에로를 부르는 또 다른 이름은 이탈리아의 "스커지scourge", 즉 재액이었다.

80억 원 들여 빌린 '전투력'

칸투리노 전투 후 피사는 백색단에게 접근했다. 피사군의 일부가 되어 피사를 방어하고 피렌체를 공격해달라고 요청했다. 백색단의 콘도티에로 알베르트 슈터츠Albert Sterz는 6개월의 계약기간에 4만 플로린Florin을 받기로 피사와 계약했다. 13세기부터 16세기 초까지 사용된 금화 단위인 1플로린은 명목상 0.1125트로이온스Troy ounce로 현재 가격으로 환산하면 20만 원 정도였다. 즉, 백색단을 고용하는 데 피사는 80억 원의 돈을 들였다.

피사와 계약을 맺은 후 슈터츠가 한 첫 번째 일은 전투가 아니었다. 슈터츠는 피렌체로 전령을 보냈다. 3만 플로린을 주면 6개월간 피렌체를 위해 피사를 공격하겠다는 제안이었다. 피사와 계약한 금액보다 1만 플로린

169

이 적은 금액이었지만 슈터츠는 다른 속셈이 있었다. 피사와 맺은 용병계약의 선금으로 1만 4,500플로린을 이미 받은 뒤였다. 즉, 피렌체가 승낙하면 피사로부터 받은 선금을 떼먹을 심산이었다. 피렌체는 슈터츠의 제안을 거절했다.

1363년 7월, 백색단은 피렌체에 대한 공격을 개시했다. 주된 공격 대상은 피렌체 주변의 농경지였다. 백색단은 작물을 망가뜨리고 밭에 불을 놓았다. 피렌체를 굶기려는 표면상의 이유 외에도 위험한 전투를 회피하려는 이유도 상당했다. 백색단이 대결을 미루고 약탈만 일삼자, 피렌체군은 성을 나서 일전을 벌였다. 인치사에서 벌인 야전에서 백색단은 피렌체군에게 적지 않은 타격을 가했다. 피렌체는 500명의 기사와 1,000기 이상의 말을 잃었다.

백색단이 피렌체 서쪽 10킬로미터 지점에 진을 치자, 피사는 승리가 멀지 않았다고 기뻐했다. 그러나 피사의 기쁨은 오래가지 않았다. 백색단은 약해진 피렌체를 공격해 점령하기보다는 피사를 욕망의 배설구로 쓰는데 더 많은 힘을 쏟았다. 백색단원의 행태는 우군이 아닌 점령군에 가까웠다. 피사인들은 자신의 아내와 딸들을 제노바 등으로 피신시켰다.

피렌체, 용병 매수로 역공하다

1363년 12월, 수익 배분에 불만이 많았던 백색단원들은 슈터츠를 끌어내리고 영국인 존 호크우드John Hawkwood를 새로운 콘도티에로로 선출했다. 이탈리아인들은 호크우드를 조반니 아쿠토Giovanni Acuto라고 불렀다. 호크우드는 1364년 1월 피사와 새로운 6개월짜리 계약을 맺었다. 지난 인치사 전투의 성과를 들먹이는 호크우드의 협상력은 높았다. 이번 계약금은 15만 플로린, 즉 300억 원이었다.

1364년 2월 2일, 호크우드는 백색단-피사군을 이끌고 피렌체 공격에 나섰다. 이탈리아에서 겨울 전투는 낯선 개념이었다. 그럼에도 네 배 가까이 인상된 금액으로 계약을 맺은 만큼 호크우드는 고용주인 피사에 뭔가를 보여줄 필요가 있었다. 어이없게도 호크우드의 부대는 피스토이아^{Pistoia}에서 성난 농부들의 공격을 받고 혼쭐이 났다. 3,500명 병력의 백색단 전투력에 의문을 갖게 된 피사는 한네켄 폰 바움가르텐^{Hanneken von Baumgarten}이 이끄는 3,000명의 독일 및 스위스용병단과 새로 계약을 맺었다.

용병을 돈으로 사는 일은 피사만 할 수 있는 일은 아니었다. 여러 용병단으로 구성된 피사군이 5월 1일, 피렌체 성벽까지 들이닥치자 피렌체는 피사를 따라했다. 먼저 바움가르텐의 용병단을 4만 4,000플로린에 매수했다. 바움가르텐이 9,000플로린을 갖고 나머지 3만 5,000플로린을 용병들이 나눠가졌다. 이어 슈터츠 이하 백색단의 대부분을 10만 플로린에 매수했다. 이제 이들 모두는 창 끝을 돌려 피사 공격의 선봉에 섰다. 호크우드에게 남은 병력은 800명의 백색단 잔존 병력과 4,000명의 피사군 보병이 전부였다. 7월 28일, 카시나 전투^{Battle of Cascina}에서 호크우드는 남은 백색단의 피해가 커질 듯하자 도망쳤다. 소년과 노인까지 동원된 피사군 보병은 1,000명 이상 죽고 2,000명 이상 포로로 잡혔다. 1364년 9월, 피사는 피렌체와 협정을 맺고 10만 플로린을 배상금으로 지불했다. 1406년 10월 6일, 피사는 결국 피렌체군에 의해 함락되었다.

24
샹가니강 전투에서 은데벨레군이 영국군에게 패한 이유는?

1893년 은데벨레 왕국(현 짐바브웨)과 영국군의 샹가니강 전투를 묘사한 그림. 그림에 표현된 대로 영국군은 압도적 화력을 앞세워 상대의 7분의 1 수준인 병력 열세를 너끈히 극복했다. 당대 영국의 저명 종군화가인 리처드 캔튼 우드빌 주니어(Richard Caton Woodville Jr.)의 작품이다.

원주민 왕과 영국 총독의 동상이몽

1893년 10월 25일 밤, 5,000명의 은데벨레Ndebele군은 은밀하게 샹가니Shangani강 주변으로 몰려들었다. 이들의 목표는 강변에 숙영지를 설치한 700명의 영국군 부대였다. 로벤굴라 쿠말로Lobengula Khumalo가 통치하는 당시의 은데벨레 왕국(현재의 짐바브웨)은 아프리카 남부에 살던 줄루의 일부로서 인구는 약 200만 명이었다.

서구의 제국주의적 야욕으로부터 왕국을 지키기 위한 로벤굴라의 고심은 깊었다. 옆 나라 남아프리카의 보어들은 은데벨레 왕국을 보호국으로 여겼다. 아직 지역 내 세력이 상대적으로 미약했던 영국은 영토적 야심을 감추고 경제적 이권에만 관심이 있다는 식으로 자신들을 포장했다.

1888년 로벤굴라는 영국 식민지 케이프의 총독 세실 로즈Cecil Rhodes와 러드 협정Rudd Concession을 체결했다. 러드 협정의 핵심은 은데벨레 영토 내의 독점적인 금 채굴권을 준다는 내용이었다. 반대급부로 로벤굴라는

1,000정의 마티니-헨리^{Martini-Henry} 소총과 10만 발의 탄환, 1척의 증기전투선, 그리고 매달 100파운드의 연금을 받게 되었다. 당시 은데벨레군은 약 700정의 소총을 가졌지만 탄환이 전무해 소총을 쓸 수가 없었다. 로벤굴라는 로즈와 계약을 맺음으로써 남아프리카가 공격해올 경우 영국이 막아주리라는 계산을 했다. 또한 자신에게 반기를 드는 부족을 군사적으로 압박하는 데에도 로즈가 제공할 무기가 요긴하다고 생각했다.

로즈의 욕심은 물론 단지 금에만 있지는 않았다. 동인도회사를 통해 인도를 지배했듯이 1889년에 로즈가 설립한 영국남아프리카회사^{British South Africa Company}는 아프리카의 식민지 지배를 넓히기 위한 단계를 차근차근 밟아나갔다. 케이프의 다이아몬드 채굴과 판매를 독점하는 드비어스^{DE BEERS}의 설립자 역시 로즈였다. 이어 영국남아프리카회사가 관리하는 지역에 로디지아^{Rhodesia}라는 이름이 붙었다. 글자 그대로 "로즈의 땅"이라는 뜻이었다. 20세기 후반까지도 영국의 보호령으로 존속했던 로디지아는 1980년에 독립하면서 짐바브웨로 국명을 바꿨다.

1893년 8월 로디지아의 부족 하나가 로벤굴라에게 더 이상 조공을 바치지 않겠다고 선언했다. 자신들은 이제 로벤굴라가 아닌 영국남아프리카회사가 통치하는 지역에 살고 있기 때문이라는 이유였다. 체면이 깎인 로벤굴라는 이를 반란으로 규정하고 수천 명 병력을 보내 해당 부족을 토벌했다. 영국은 영국남아프리카회사의 권리가 침해되었다고 주장하며 은데벨레군의 즉각적인 철수를 요구했다. 은데벨레군이 거부하자 영국군은 40여 명의 은데벨레 병사를 사살했다. 영국과의 전쟁을 두려워했던 로벤굴라는 "백인의 피를 한 방울이라도 흘리게 하면 너희 모두를 죽이겠다"고 토벌 전에 경고했다. 은데벨레군은 무력하게 물러날 수 밖에 없었다.

기관총으로 절대우위에 선 영국

영국은 이 사건을 은데벨레를 집어삼킬 좋은 핑곗거리로 여겼다. 1893년 10월 16일, 소령 패트릭 포브스Patrick Forbes가 지휘하는 700명의 영국군은 은데벨레의 수도 불라와요Bulawayo를 향했다. 수도와 왕 자리가 위협받게 된 로벤굴라는 이제 영국군에 대한 공격을 승인했다. 2,000정 이상의 소총과 아세가이assegai라는 투창으로 무장한 은데벨레군은 당시 아프리카 기준으로는 최상의 군대였다. 기습적인 야간 공격과 7 대 1이라는 병력 차를 감안하면 은데벨레군이 소수의 영국군을 쓸어버릴 가능성이 높았다.

로벤굴라가 계산하지 않은 변수가 하나 있었다. 이른바 '비도발적 무기정책'이었다. 영국이 로벤굴라에게 제공한 소총은 부족 간 전투 때는 위력이 막강했지만 영국군을 상대하기에는 부족함이 많은 구식 무기였다. 즉, 은데벨레군이 가져도 자신들에게 큰 위협이 되지 않기에 줬던 것이었다. 보다 구체적으로, 1871년산 마티니-헨리는 영국군이 쓰던 1888년산 리-메트포드Lee-Metford에 비해 유효사거리가 반밖에 되지 않았고, 분당 발사횟수도 12회로 리-메트포드의 20회에 비해 열세였으며, 반동이 심하고 정확도가 떨어지는 걸로도 악명 높았다. 그럼에도 은데벨레군과 포브스 부대의 병력 차를 생각하면 이는 극복하지 못할 정도의 차이는 아니었다.

보다 결정적인 무기는 포브스 부대가 보유한 5정의 맥심 기관총이었다. 말년에 영국으로 귀화한 미국인 하이람 맥심이 1884년에 만든 맥심 기관총은 분당 600발의 총탄을 발사할 수 있었다. 맥심 기관총의 압도적인 빠른 발사속도는 당시 장점이기보다는 약점으로 인식되었다. 탄환 소모가 너무 빨라서 국고를 거덜 낼 거라는 걱정이었다. 아무도 사지 않던 맥심 기관총을 1888년 세계 최초로 구입한 나라가 바로 영국이었다.

맥심은 특이한 인물이었다. 초년기에는 여러 유용한 장치를 발명했다. 그중 하나는 건물 내 화재 발생 시 자동으로 물을 뿌리는 스프링클러

영국군이 1차 은데벨레 전쟁에서 첫 선을 보인 맥심 기관총. 영국군 승리의 수훈갑이었다. 맥심 기관총을 가진 포브스 부대와 마티니-헨리로 무장한 은데벨레군의 실제 전투력 차이는 375 대 1이라는 손실교환비보다도 더 컸다. 원거리 사격전을 가정할 때 양 군대의 전투력 차이는 2,200배 이상이었다.

sprinkler였다. 그는 이에 대한 특허를 받았지만 이를 사용하려는 사람을 찾지 못했다. 맥심은 1870년대 후반에 최초의 전등을 뉴욕에 설치하기도 했다. 그럼에도 백열전구에 대한 특허권 소송에서 토머스 에디슨Thomas Edison에게 지고 말았다. 큰돈을 벌고 싶었던 맥심은 결국 사람을 더 효과적으로 죽이는 치명적인 무기를 개발했다.

무기의 경제성을 평가할 때 사용할 수 있는 한 가지 방법은 비용-효과분석이다. 비용-효과분석은 동일한 금액의 무기 제조 혹은 구입 비용에 대해 목적하는 효과가 어떻게 다른지를 비교하는 방법이다. 효과를 같은 시간 내에, 예를 들어 5초 동안 쏠 수 있는 총탄 수로 정의한다면 맥심 기관총은 50발, 마티니-헨리는 1발이었다. 비용은 당시 돈으로 맥심 기관총은 1정에 250파운드, 마티니-헨리는 1정에 8파운드 정도였다. 즉, 같은 250파운드를 들였을 때 맥심 기관총 1정과 마티니-헨리 31정을 살 수 있었고, 이는 각각 50발과 31발의 발사된 총탄에 해당했다.

극적으로 드러난 무기의 경제성

은데벨레군의 야습은 오전 2시경에 개시되었다. 혹시라도 있을지 모르는 야습에 대비하기 위해 영국군은 숙영지를 마차로 둥글게 둘러싸는 일명 '마차요새' 대형을 갖추고 있었다. 아침에 해가 뜬 후 은데벨레군은 목적을 달성하지 못한 채로 후퇴했다. 맥심 기관총의 위력은 예상 이상이었다. 작동 중인 기관총을 향해 돌격하는 행위는 무모했다. 약 1,500명의 은데벨레군이 이날 전사했다. 포브스 부대의 전사자는 4명에 그쳤다. 은데벨레군을 지휘했던 마논다Manonda는 전장에서 나무에 목을 매달아 자살했다. 375 대 1이라는 손실교환비가 발생한 샹가니강 전투는 맥심 기관총이 최초로 실전에 사용된 전투였다.

맥심 기관총을 가진 포브스 부대와 마티니-헨리로 무장한 은데벨레군의 실제 전투력 차이는 375 대 1이라는 손실교환비보다도 더 컸다. 원거리 사격전을 가정할 때 양 군대의 전투력 차이는 2,200배 이상이었다. 만약 이 전투력 차이가 유지된다고 가정하면 은데벨레군은 남은 3,500명 전원이 전사할 때까지 2명을 더 죽일 수 있었다.

은데벨레군은 쉽게 포기하지 않았다. 일주일 후인 11월 1일, 불라와요 북쪽 50킬로미터 지점에 위치한 벰베지Bembezi에 매복한 채 영국군이 지나가기를 기다렸다. 6,000명의 은데벨레군은 용감하게 공격했지만 결과는 샹가니강 전투와 크게 다르지 않았다. 은데벨레군은 약 2,500명을 잃고 물러났다. 맥심 기관총이 없는 영국군은 결코 무적이 아니었다. 12월 4일, 소령 알란 윌슨Alan Wilson이 이끄는 37명의 분견대는 잠적한 로벤굴라를 찾기 위한 수색 작전 중에 은데벨레군의 공격을 받았다. 용케 도망친 3명을 제외한 전원이 전사했다.

1894년 1월 하순 로벤굴라는 병이 악화되면서 숨졌다. 은데벨레의 새로운 왕으로 선출된 음잔Mjaan은 영국남아프리카회사에 은데벨레에 대한 통치 권한을 넘겼다. 1896년 은데벨레인들은 영국을 상대로 독립전쟁을 개시했다. 영국은 이를 2차 은데벨레 전쟁이라고 불렀다. 영국군의 맥심 기관총은 여전히 너무나 강했다. 2차 은데벨레 전쟁은 다음해인 1897년 영국의 승리로 끝났다.

VS.

25

자본주의에 반대하는
두 공산국가 중국과 베트남은
왜 전쟁을 벌였는가?

27일 간의 중국-베트남 전쟁

1979년 2월 17일, 중국의 인민해방군은 베트남 국경을 넘어 공격을 개시했다. 공격에 동원된 중국군 병력 약 60만 명은 크게 두 부대로 나뉘었다. 각 부대는 베트남의 북동과 북서 지역을 목표로 했다.

베트남과 중국은 전쟁 발발 1년 전인 1978년에 국경분쟁을 겪었다. 중국은 베트남이 700번 이상 무력도발해왔다고 주장했고, 베트남은 중국이 자국 영토를 2,000번 이상 침입했다고 항의했다. 1978년 한 해 동안 양국의 무력충돌로 인한 사상자는 수백 명에 달했지만 전면전으로 확대되지는 않았다. 반면 이번의 중국군 월경은 우발적인 충돌이 아니라 준비된 침공이었다. 즉, 이는 본격적인 전쟁이었다.

공산권을 당혹하게 한 충돌

사실 두 나라 사이의 전쟁은 이상한 일이었다. 중국과 베트남은 둘 다 공산국가였다. 공산당이 독재하는 공산국가는 무산계급, 즉 프롤레타리아proletariat가 주인이었다. 부르주아bourgeois에게 착취당하는 프롤레타리아에게 조국은 아무런 의미가 없었다. 만국의 노동자는 서로 단결하여 자본가의 지배를 뒤엎어야 했다. 그런 공산국가 사이에 본격적인 전쟁이 벌어졌다는 사실은 마르크스주의 이론가들에게는 곤혹스러운 일이었다.

알고 보면 공산국가 사이의 무력충돌은 이번이 처음이 아니었다. 1969년 3월 2일, 우수리Ussuri강의 다만스키Damansky섬(중국명 전바오섬珍寶島)에 주둔한 소련군 경비대를 중국군이 기습공격해 전멸시키고 섬을 점령했다. 소련군은 곧바로 전차, 헬기, 다연장로켓포 등을 동원해 섬을 탈환했다. 소련과 중국 양국은 핵전쟁 직전까지 갔다가 같은 해 9월 10일에야 겨우 사격중지명령을 내렸다. 1977년 4월 30일에는 중국과 친한 캄보디아가 베트남을 공격했다. 인내심이 한계에 달한 베트남은 1978년 크리스마스

중국과 베트남은 둘 다 공산국가였다. 자본주의에 반대하는 두 공산국가 사이에 본격적인 전쟁이 벌어졌다는 사실은 공산주의자들에게는 당혹스러운 일이 아닐 수 없었다. 사실 베트남에게 중국은 오랜 숙적이었다. 과거에 중국은 베트남을 남쪽의 오랑캐라는 뜻의 남만(南蠻)으로 부르며 조공국으로 삼았고, 무력에 의한 병합도 여러 차례 시도했다. 1979년 2월 17일 중국의 베트남 침공은 중국과 친한 캄보디아를 침공한 베트남에 대한 보복이자 베트남을 양면전쟁으로 끌어들이려는 시도였다. 위 사진은 1979년 1월 캄보디아 프놈펜(Phnom Penh)에 입성한 베트남군의 모습이고, 아래 사진은 1979년 2월 중국-베트남 전쟁 당시 까오방에서 파괴된 중국군 전차 위에 서 있는 베트남 장교의 모습이다.

에 캄보디아를 전면 침공했다. 중국의 베트남 침공은 베트남의 캄보디아 침공에 대한 보복이자 베트남을 양면전쟁으로 끌어들이려는 시도였다.

중국과 베트남은 오랜 대결의 역사를 갖고 있었다. 중국 관점에서 고구려 등이 동쪽의 오랑캐, 즉 동이東夷였듯이 베트남은 남쪽의 오랑캐, 즉 남만南蠻이었다. 중국을 둘러싼 4대 이민족, 즉 동이, 서융西戎, 남만, 북적北狄은 아무리 정복해도 굴복하지 않는 끈질긴 민족이었다. 원元나라의 공격을 세 차례나 물리친 베트남 장군 쩐흥다오Trần Hưng Đạo(1228~1300년)는 한국으로 치면 강감찬과 이순신에 해당했다. 프랑스와 미국을 물리친 베트남인들은 전쟁이라는 단어를 접하면 먼저 중국을 떠올렸다. 즉, 베트남에게 중국은 글자 그대로 숙적이었다.

십자군전쟁도 결국 돈 때문?

경제적 목적은 전쟁을 일으키는 한 가지 이유였다. 대표적인 예가 미국의 내전인 남북전쟁이다. 농업을 주로 하는 남부에게 노예제는 절대로 포기할 수 없는 기반조건이었다. 반면 북부의 입장은 딴판이었다. 제조업이 성했던 북부는 공장에서 일할 노동자와 물건을 사줄 소비자가 많을수록 좋았다. 남부의 노예는 북부의 노동자 겸 소비자가 되어줄 좋은 후보였다. 만 4년 넘게 서로 잔인하게 싸운 이 전쟁에서 양측 합쳐 100만 명 이상의 사상자가 났다.

식민지를 둘러싼 일련의 제국주의적 전쟁도 경제적 요인이 컸다. 1898년 쿠바 아바나Havana에 정박해 있던 미국 해군 중순양함 메인USS Maine이 원인불명의 폭발로 침몰하자 미국은 스페인에게 원인을 돌리고 전쟁에 돌입했다. 필리핀의 스페인 함대가 미국 해군에 의해 격멸되자 오랫동안 스페인을 상대로 무장항전을 펼친 필리핀인들은 독립국가를 선포했다. 미국은 필리핀의 독립을 무시하고는 이번엔 필리핀을 상대로 전쟁을 벌였다. 공식적인 미국-필리핀 전쟁은 약 3년 반 만에 미국의 승리로 끝났지만 일부 지역에서 필리핀인의 저항은 1913년까지 이어졌다.

자본주의적 세계관이 유일한 가치 체계로 격상되면서 전쟁의 원인을 경제적 관점으로만 이해하는 일이 유행처럼 퍼졌다. 가장 극단적인 예는 중세의 십자군 전쟁에 대한 경제적 재해석이다. 1095년부터 1291년까지 200년 가까이 계속된 십자군 전쟁은 로마 가톨릭 교회를 구심점으로 하는 서구 세력과 이슬람교를 믿는 아랍 세력 간의 전쟁이었다. 경제지상주의를 따르는 역사가에 의하면, 십자군 전쟁조차 경제적 동기가 전쟁의 궁극적 이유였다. 큰아들만 영지를 세습하는 서구 봉건제 하에서 까딱하면 빈민으로 전락할 작은아들들에게 신규 영지가 필요했다는 설명이었다.

경제만이 전쟁의 유일한 이유는 아니다

경제적 요인이 전쟁 발발의 한 가지 원인인 것은 사실이나, 가장 결정적인 원인이라는 주장은 과하다. 종교적 갈등은 여러 전쟁의 중요한 원인으로 작용해왔다. 가령, 프랑스의 이른바 위그노 전쟁Huguenots Wars은 구교도와 신교도 사이의 전형적인 종교전쟁이었다. 1562년 3월 1일 바시Vassy에서 기즈Guise 공작 프랑수아François의 구교도 부대가 칼뱅Calvin파 신교도를 칭하는 위그노들의 예배당을 습격해 몰살시켰다. 이에 분격한 부르봉Bourbon의 루이 1세Louis I는 위그노 부대를 동원해 오를레앙Orléans을 점령했다. 위그노 전쟁은 1598년 낭트 칙령Edict of Nantes이 선포될 때까지 30년 넘게 계속되었다.

전쟁은 우발적인 원인에 의해 벌어지기도 했다. 이런 쪽의 대표적 사례는 이른바 축구전쟁이다. 1970년 멕시코 월드컵 지역예선 4강전에서 엘살바도르와 온두라스가 맞붙었다. 홈경기에서 1승씩 거둔 두 나라는 1969년 6월 27일 제3국인 멕시코시티Mexico City에서 3차전을 치렀고 연장전까지 간 혈투 끝에 엘살바도르가 3 대 2로 신승했다. 경기를 이겼음에도 불구하고 감정이 상한 엘살바도르는 7월 14일 공군과 육군을 동원해 온두라스를 침공했다. 양국의 공군 편대는 모두 제2차 세계대전 때의 미국 프로펠러 전투기 P-51 머스탱Mustang과 F4U 코르세어Corsair로 구성되었다. 7월 17일에는 온두라스의 코르세어 2기가 엘살바도르의 머스탱 2기와 코르세어 2기와 차례로 공중전을 벌여 각각 1기씩 격추했다. 축구전쟁은 7월 18일에 종료되었다.

전쟁은 국내정치적 목적에 의해 벌어지기도 했다. 1976년에 정권을 쥔 아르헨티나 군부는 1981년부터 시민세력의 거센 저항에 직면했다. 1982년 아르헨티나 군사정권은 1840년 이래로 영국인들이 거주해온 남대서양의 몇 개 섬을 무력으로 기습점령했다. 애국주의적 감정에 호소해 아르헨티나 국민들의 관심을 밖으로 돌리고 자신들에 대한 지지도를 끌어올리려는 의도였다.

또 적지 않은 전쟁은 과거에 흘린 피에 대한 서로의 기억 때문에 발생했다. 이런 쪽의 최근 경우는 인도-파키스탄 전쟁이다. 영국의 식민 지배로부터 독립한 순간부터 인도와 파키스탄의 관계는 꼬여 있었다. 이슬람교의 파키스탄과 힌두교의 인도로 나눈다는 계획은 종이상으로는 완벽했지만 실제로는 쉽지 않았다. 1947년 카슈미르Kashmir 지방의 편입을 놓고 두 나라는 첫 번째 전쟁을 치렀다. 파키스탄이 인도 지배하의 카슈미르 반군을 계속 부추기자 1965년 인도군은 파키스탄을 전면 침공했다. 1971년에는 동파키스탄의 독립을 놓고 3차로 대결해 결국 동파키스탄이 방글라데시로 독립했다. 1999년에는 카르길Kargil 지구에 파키스탄군이 침입하면서 4차 전쟁을 벌였다. 가장 최근의 충돌은 2019년 2월 27일의 공중전으로서 각각 1기씩 전투기를 잃었다. 비공식 핵보유국인 두 나라 간의 충돌은 언제든지 핵전쟁으로 비화될 가능성이 있었다.

중국을 돌려세운 베트남의 실력

선제공격의 이점과 병력 상의 우위를 앞세운 중국군의 공세를 베트남군이 막기가 처음에는 쉽지 않아 보였다. 주력부대가 캄보디아 침공 중이었던 베트남군은 민병대까지 긁어 모아 방어에 나섰다. 한국전쟁 이후 20여 년 만에 실전을 치른 중국군의 실력은 예상보다 약했다. 반면 베트남군은 미군을 상대로 십수 년의 풍부한 실전 경험을 가진 베테랑이었다. 또한 명분 약한 전쟁에 나선 중국군에 비해 조국을 지키려는 베트남군의 항전 의지가 더 끈질겼다.

결국 중국군은 베트남 국경 지대에 위치한 도시 랑선Lang Sơn을 점령해 초 토화한 후 3월 16일 베트남에서 철수했다. 전쟁을 개시한 지 27일 만이었 다. 양국은 각각 최소 6만 명 이상의 사상자를 냈다. 어떤 이유로 시작했건 간에 전쟁은 양쪽 모두에게 흘리지 않아도 될 막대한 피해를 안겼다.

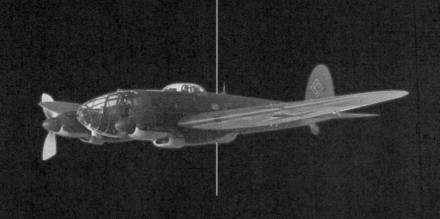

26

소련을 향한
연합군 수송선단
PQ 17에
무슨 일이 벌어졌나?

영국에서 북러시아로 가는 17번째 수송선단 PQ 17

1942년 6월 27일, 35척의 수송선으로 구성된 수송선단이 아이슬란드 크발피외르뒤르Hvalfjörður를 출항했다. 수송선의 대부분은 영국 혹은 미국 국적이었고 소수의 소련 국적선도 포함되어 있었다. 목적지는 소련의 백해 연안 항구인 아르한겔스크Arkhangelsk였다. 정상적인 상황이라면 더 가까운 바렌츠해Barents Sea의 무르만스크Murmansk를 목표로 했겠지만 얼마 전 독일 공군의 공습으로 무르만스크는 심각한 피해를 입은 상태였다.

1941년 6월 독일이 독소불가침조약을 깨고 소련을 침공하자 미국은 1941년 3월에 제정한 미국방위진작법, 일명 렌드리스법Lend-Lease Acts의 대상국에 소련도 포함시켰다. 렌드리스법은 독일과 싸우는 연합국에게 무기, 석유, 식량 등의 물자를 공짜로 제공하는 대신 연합국의 육군과 해군 기지를 무상으로 사용하는 프로그램이었다.

미국이 소련에 물자를 보낼 수 있는 항로는 크게 다섯 가지였다. 미국 서해안에서 태평양을 거쳐 오호츠크해Sea of Okhotsk의 마가단Magadan 등을 향하는 소련극동 항로와 북극해의 틱시Tiksi를 향하는 소련북극 항로, 미국 동해안에서 대서양을 지나 스칸디나비아 반도 북단을 지나는 북러시아 항로, 지중해와 흑해를 통과하는 흑해 항로, 그리고 아프리카 남단 희망봉을 우회해 페르시아만으로 가는 페르시아만 항로였다. 당시 태평양을 횡단하는 두 항로는 일본과 전쟁 중이라 위험했고, 지중해를 거치는 흑해 항로도 마찬가지로 위태로웠다. 페르시아만 항로는 안전했지만 거리가 북러시아 항로의 약 두 배였다. 따라서 북러시아 항로는 공격받을 위험이 있었지만 거리가 짧아 가장 요긴한 항로였다.

연합국은 각 수송선단을 암호명으로 불렀다. 크발피외르뒤르를 6월 27일에 떠난 수송선단의 암호명은 PQ 17이었다. PQ는 영국에서 출발하는 북러시아 항로를 가리켰고, 숫자는 해당 항로에 몇 번째로 투입된 선단인

2차 대전 당시 아이슬란드 크발피외르뒤르에서 소련을 향해 출항하는 연합국 호송선단 PQ 17의 모습. 1941년 6월 독일이 독소불가침조약을 깨고 소련을 침공하자 미국은 1941년 3월에 제정한 렌드리스법에 따라 소련에 물자를 보내기 위해 공격받을 위험은 있었지만 거리가 짧아 가장 요긴한 북러시아 항로를 택했다. PQ 17은 영국에서 북러시아로 향하는 17번째 수송선단을 의미했다.

지를 가리켰다. 즉, PQ 17은 영국에서 북러시아로 가는 17번째 수송선단을 의미했다. 해당 해역에는 북러시아에서 거꾸로 영국으로 돌아오는 선단의 활동도 있었다. 영국으로 귀환하는 선단의 암호명은 PQ의 순서를 바꾼 QP였다.

1941년 8월 PQ 1의 성공적인 수송 이래로 1942년 봄의 PQ 12까지 북러시아 항로는 물자를 지원받는 소련의 젖줄 역할을 톡톡히 해냈다. 투입된 총 103척의 수송선 중 오직 한 척만 잃을 정도로 안전한 항로였다.

북러시아 항로 연합군 수송선단에게 최대의 적은 독일 폭격기
수송항로의 존재를 눈치 챈 독일은 가진 모든 수단을 동원해 이를 막으려 했다. 독일이 동원할 수 있는 수단은 크게 세 가지였다. 첫째는 대서양 전투에서와 마찬가지로 유보트, 즉 잠수함이었다. 둘째는 수상함정이었다. 비록 구경 38센티미터 주포 8문을 가진 5만 톤급 전함 비스마르크Bismarck가 1941년 5월 침몰했지만 비스마르크의 자매함 티르피츠Tirpitz나 구경 28센티미터 주포 9문을 보유한 3만 8,000톤급 순양전함 샤른호스트Scharnhorst, 구경 28센티미터 주포 6문을 가진 1만 5,000톤급 중순양함 쉬어Sheer나 히퍼Hipper 등이 건재했다. 셋째는 항공기였다. 1942년 여름이라면 목표로 정한 대상에 치명상을 입힐 송곳니를 독일 공군은 아직 보유했다.

영국은 북러시아 항로에서 독일군의 공격을 받을 가능성을 무시하지 않았다. 영국이 특히 염려한 대상은 유보트와 수상함이었다. PQ 13은 단독으로 항행하지 않았다. 8,000톤급 순양함 트리니다드Trinidad와 5척의 구축함으로 구성된 호위함대가 PQ 13을 동반했다. 영국은 기회가 오면 티르피츠를 공략하기 위해 전함 2척, 순양전함 1척, 항공모함 1척, 순양함 2척, 구축함 16척으로 구성된 일명 '중엄호군'까지 거리를 두고 따라 붙었다.

1942년 3월 28일, 19척의 수송선이 포함된 PQ 13은 독일 공군의 공습을 받았다. 2척의 수송선이 침몰했다. 29일에는 3,500톤급의 나르빅Narvik급 독일 해군 구축함 3척의 공격을 받아 1척의 수송선이 격침되었다. 30일에는 2척의 유보트 U-376과 U-435에 의해 각각 1척씩의 수송선이 수장되었다. 결과적으로 수송선 19척 중 14척만이 무르만스크에 도착했다. PQ 13을 공격한 총 9척의 유보트는 당연히 두려운 대상이었지만 독일 공군 폭격기와 독일 해군 수상함도 무시할 수 없는 상대였다.

무르만스크에 도착했다고 해서 독일의 공격이 끝난 것은 아니었다. 2척은 무르만스크 항구에서 독일 공군기의 공습으로 침몰했고, 또 다른 2척은 물자를 내리고 QP 10의 일원으로서 영국으로 돌아가다가 각각 폭격기와 유보트 U-435에 의해 침몰되었다. 19척 중 영국으로의 귀환에 성공한 수송선은 10척에 지나지 않았다. 호위함대는 독일군 구축함 1척을 격침했지만 그 과정에서 순양함 트리니다드를 잃고 말았다.

1942년 4월 8일에 아이슬란드를 출항한 수송선 24척의 PQ 14는 항해 도중 빙산을 만나 손상을 입은 수송선 16척이 되돌아갔다. 남은 8척 중 1척은 유보트 U-403에 의해 격침되었다. PQ 14의 호위함대는 PQ 13과 비슷한 규모였다. 4월 26일에 출항한 수송선 25척의 PQ 15는 독일 공군 하인켈Heikel 111 6기의 어뢰 공격을 받아 수송선 3척이 침몰되었다. 5월 21일에 출항한 수송선 35척의 PQ 16은 공습으로 7척, 유보트 U-703의 공격으로 1척, 도합 8척의 수송선을 잃었다. 북러시아 항로를 항해하던 연합군 수송선단의 가장 큰 적은 유보트가 아니라 항공기였던 것이다.

적기 격추 아닌 수송선 보호 목적으로 대공화기 설치

독일 공군의 공습을 막을 대안은 이론적으로 존재해도 현실적으로는 쉽지 않았다. 가령, 전투기로 선단을 호위하는 방법은 영국과 미국 전투기의 항속거리로는 불가능했다. 또 항공모함으로 호위함대를 편성하기에는 항공모함의 수가 절대적으로 부족했다.

누구라도 생각할 수 있는 한 가지 방법이 있었다. 모든 수송선에 대공화기를 장착하는 방법이었다. 비무장인 줄 알고 만만히 여겼다가 기관총 세례를 맞고 나면 그 다음부터는 공격 자체를 꺼리기 마련이었다. 설사 격추에 실패하더라도 대공화기 사격은 수송선 선원의 사기 진작에 도움이 되었다.

연합군은 일부의 수송선에 대공화기를 시험 삼아 장착했다. 실제 운용 결과를 분석한 결과 적기 격추율은 4퍼센트 정도에 불과했다. 이 정도의 격추율로는 모든 수송선에 기관총을 장비하고 또 필요한 훈련을 실시하

190

PQ 17 수송선단을 호위하며 북러시아 항로를 항해하던 중 독일 공군 항공기(위 사진)의 공습을 받아 피괴된 미국 구축함 웨인라이트(Wainwright)(아래 사진). 북러시아 항로를 항해하던 연합군 수송선단에게 가장 두려운 존재는 독일 공군의 항공기였다. 이에 대한 대책으로 적기를 격추하기 위해서가 아니라 수송선을 보호하기 위해서 수송선에 대공화기를 설치하기 시작했다.

는 데 드는 비용을 정당화하기가 쉽지 않았다.

하지만 수송선에 설치된 대공포의 격추율은 대공포 설치의 효과를 평가하기에 적합한 지표가 아니었다. 비무장의 수송선에 대공화기를 설치한 이유는 적기를 격추하기 위해서가 아니라 수송선을 보호하기 위해서였다. 즉, 보다 적절한 지표는 대공화기를 장비하고 실제로 발사까지 한 수송선이 대공화기를 장비하지 않았거나 혹은 장비했더라도 사용하지 않은 수송선보다 덜 침몰되는가였다. 비록 맞히지는 못할지언정 대공포의 사격으로 인해 독일 폭격기의 공격이 부정확해진다면 대공포 설치의 긍정적 효과를 얻는 셈이었다.

실전을 조사한 결과, 저고도 폭격 시 대공화기로 응전한 수송선을 목표로 한 폭탄 수는 632발, 응전이 없었던 수송선을 목표로 한 폭탄 수는 304발이었다. 명중된 폭탄 수는 각각 50발과 39발이었다. 즉, 응전한 쪽은 8퍼센트, 응전하지 않은 쪽은 13퍼센트의 비율로 폭격기가 떨어뜨린 폭탄에 명중된 것이다. 대공화기로 응전한 경우 폭탄에 명중될 확률이 응전하지 않은 경우의 약 62퍼센트에 지나지 않았다.

이 결과와 함께 고려해야 할 지표가 격침될 확률이었다. 대공화기로 응전한 수송선 수는 155척, 응전하지 않은 수송선 수는 71척이었다. 이 중 격침된 수는 각각 16척과 18척이었다. 즉, 격침된 비율이 전자는 10퍼센트이고, 후자는 25퍼센트였다. 대공화기로 응전한 수송선의 격침 확률은 응전하지 않은 경우의 약 41퍼센트에 불과했다. 급강하폭격기의 공격에 대한 결과도 저고도 폭격과 크게 다르지 않았다.

PQ 17의 근접호위함대인 1호위그룹은 PQ 13보다 더 강력했다. 6척의 구축함, 4척의 호위함, 3척의 소해함, 4척의 대잠선을 가졌을 뿐만 아니라 2척의 대공선까지 보유했다. 일례로, 대공선 팔로마레스Palomares는 과일운반선으로 건조된 2,000톤급 상선에 8문의 4인치 대공포와 8문의 2파운드 대공포를 장비한 경우였다. 후위에 위치한 1순양함대에는 순양함 4척과 구축함 4척이 있었고, 티르피츠를 대비한 전함과 항공모함으로 구성된 중엄호군도 후방 320킬로미터에서 뒤따랐다.

연합군의 이 분석은 PQ 17 입장에서는 너무 늦게 이루어졌다. 2척의 대공선만으로는 대공 엄호가 충분하지 않았다. PQ 17은 35척의 수송선 중 24척을 잃었다. 공격에 참가한 9척의 유보트는 8척의 수송선을 격침했다. 폭격기 융커스Junkers 88과 87 슈투카Stuka, 그리고 하인켈 111과 115를 투입한 독일 공군은 8척의 수송선을 단독으로 침몰시켰고 추가로 8척의 수송선을 표류하게 만들었다. 선원이 포기해 그냥 떠 있던 8척의 수송선은 나중에 유보트가 수장시켰다. 독일군이 입은 피해는 5척의 항공기가 전부였다.

27

크림 전쟁의
발라클라바 전투는
전쟁의 어떤 본질을
보여주나?

러시아의 남하를 막기 위한 연합군의 발라클라바 점령

1854년 10월 25일 오전 5시경, 파벨 리프란디^{Pavel Liprandi}가 지휘하는 약 2만 5,000명의 러시아군은 서쪽으로 전진을 개시했다. 이들의 목표는 흑해 연안 항구 발라클라바^{Balaclava}의 탈환이었다.

약 한 달 전인 9월 14일, 영국군과 프랑스군은 러시아 영토인 크림 반도에 상륙했다. 1년 전부터 러시아와 전쟁을 벌이던 오스만튀르크를 돕는다는 명분 하에 참전한 것이었다. 아무리 러시아가 강하다 해도 당대 최강국인 영국과 프랑스를 동시에 상대하기는 역부족이라는 인식이 강했다. 실제로 9월 20일 알마^{Alma}에서 벌어진 최초 전투에서 약 3만 6,000명의 러시아군은 5만 9,000명의 영국-프랑스-오스만튀르크 연합군에게 속절없이 패했다.

크림 전쟁에서 연합군의 핵심 목표는 요새화된 크림 반도의 군항 세바스토폴^{Sevastopol}을 점령하는 것이었다. 알마 전투 승리의 여세를 몰아 곧바로 공격했다면 세바스토폴 점령은 식은 죽 먹기였다. 러시아 황제 니콜라이 1세^{Nikolai I}가 알마 전투 패배 소식을 듣고 세바스토폴을 잃었다고 생각할 정도였다. 승리한 연합군은 다르게 생각했다. 러시아군이 생각보다 강하다고 느낀 나머지 남하를 주저하다가 전투 후 3일 뒤인 9월 23일에야 전진을 재개했다. 그동안 잔존 러시아군은 동쪽으로 이동해 재정비를 마쳤다. 연합군은 장기전에 대비하며 세바스토폴 남쪽의 항구 발라클라바를 점령하고 세바스토폴을 포위했다.

영국군 총사령관의 이해할 수 없는 명령

연합군은 빼앗은 발라클라바에 병력 4,000명을 배치했다. 발라클라바 방어의 핵심은 코즈웨이 고지^{Causeway Heights}에 설치된 6개의 보루였다. 보루는 영국 해군의 12파운드 포 9문과 오스만튀르크군 1,500명이 지켰다. 보루

크림 전쟁(Crimean War) 당시(1854–1856) 영국군 총사령관 피츠로이 서머셋(FitzRoy Somerset)(왼쪽)과 오스만튀르크군 사령관 오마르 파샤(Omar Pasha)(가운데), 프랑스군 사령관 애마블르 펠리시에(Aimable Pélissier)(오른쪽)가 아침에 작전회의를 하고 있는 모습. 크림 전쟁은 흑해로 진출하려던 제정 러시아를 오스만튀르크, 영국, 프랑스, 사르데냐 공국 연합군이 막아선 전쟁으로, 1856년 러시아가 패배하여 남진정책이 좌절되었다. 발라클라바 전투는 크림 전쟁 중이던 1854년 10월 25일, 크림 반도의 발라클라바에서 영국과 러시아가 전투를 벌여 영국이 승리했으나, 전투 과정에서 무능한 지휘관들로 인해 '영국군 역사상 가장 졸렬한 전투'로 기록되었다.

와 보루 남쪽의 발라클라바 사이에는 1,200명의 영국 해병대와 스코틀랜드 서덜랜드 태생 병사들로 구성된 600명의 93보병연대가 위치했다. 93보병연대의 바로 서쪽에는 발라클라바 수비대에 속하지 않는 1,500명의 1개 영국 기병사단이 자리 잡았다.

코즈웨이 고지를 지키던 오스만튀르크군은 오전 6시부터 약 2시간 동안 끈질기게 저항했지만 중과부적으로 보루를 뺏겼다. 이제 기세가 오른

러시아 기병을 막을 부대는 영국 기병사단과 93보병연대뿐이었다. 세바
스토폴을 포위 중인 영국군 2개 보병사단이 발라클라바까지 내려오려면
최소 2시간 이상 걸렸다.

영국군 총사령관 피츠로이 서머셋^{FitzRoy Somerset}은 보병사단이 도착할 때
까지 기병을 아끼고 싶었다. 오전 8시, 서머셋은 기병사단장 조지 빙엄
^{George Bingham}에게 "보루 왼쪽의 땅을 차지하라"는 명령을 내렸다. 이는 곧
93보병연대 혼자서 1만 명 이상의 러시아 기병을 상대하라는 의미였다.
빙엄은 93보병연대만 남기라는 서머셋의 명령이 이해가 되지 않았다. 같
이 싸우게 하던가, 그게 아니라면 같이 이동시켜 나중을 도모함이 이치에
맞았다. 빙엄은 명령대로 기병사단을 보루 서쪽으로 이동시켰다.

오전 8시 30분, 서머셋은 새로운 명령을 빙엄에게 내렸다. 중무장한 드
라군^{Dragoon}, 즉 용기병부대로 흔들리는 오스만튀르크군을 도우라는 명령
이었다. 빙엄은 이번 명령도 이해가 되지 않았다. 보루에서 큰 피해를 입고
퇴각한 오스만튀르크군은 이미 발라클라바 근처까지 도망간 뒤였다. 명령
은 무조건 따르는 것이라고 생각한 빙엄은 중기병여단을 원위치로 되돌렸
다. 경기병여단은 이동했던 코즈웨이 고지의 서쪽에 그대로 남았다.

불확실성과 운은 피할 수 없는 전투의 본질적 성격

서머셋과 동시대를 산 칼 폰 클라우제비츠^{Karl von Clausewitz}는 발라클라바에
서 벌어질 일을 예견했다. 클라우제비츠는 1806년 예나^{Jena}에서 나폴레옹
의 프랑스군에게 완패한 프로이센군의 일원이었다. 1831년 병으로 사망
한 후 출간된 그의 유고작에는 '전쟁의 안개'라는 말이 나온다. 전투는 안
개 속을 걸어가는 것과 비슷하다는 의미다. 즉, 불확실성과 운은 회피할
수 없는 전투의 본질이다. 불확실성은 가격이 널을 뛰는 금융시장의 본성
이기도 하다.

　클라우제비츠는 전투의 불확실성을 세 가지로 분류했다. 첫째는 아군의
실제 전투력이다. 둘째는 적군의 병력과 전투력이다. 마지막 셋째는 적군
의 실제 의도와 행동이다. 이러한 세 가지 불확실성 때문에 전투는 늘 혼
동 그 자체였다. 클라우제비츠는 "전쟁은 열정, 운, 이성으로 이뤄진 삼위
일체"라고 지적했다.

93보병연대의 무모한 횡대 대열을 오판한 러시아군

오전 9시경, 93보병연대는 2열 횡대로 벌려 섰다. 자신들을 향해 전진해
오는 러시아 기병과 폭을 맞추려는 시도였다. 93보병연대는 자신보다 20
배 이상 병력이 많은 러시아 기병을 너무 우습게 여겼다. 이런 경우 정사

발라클라바 전투에서 93보병연대는 2열 횡대로 늘어서서 20배나 많은 러시아군을 물리쳤다. 자살행위나 다름없는 얇은 횡대 대열은 오히려 러시아군을 혼란스럽게 만들었다. 러시아군은 얇은 횡대 대열 뒤에 대규모 예비 병력이 잠복하고 있다고 착각한 나머지 돌격을 중지하고 코즈웨이 고지로 물러났다. 스코틀랜드인 특유의 붉은 상의와 치마를 입고 얇은 횡대 대열로 늘어선 93보병연대는 이후 '씬 레드 라인(Thin Red Line)'이라는 이름을 얻게 되었다.

각형의 방진을 구성하는 게 정상이었다. 기병이 약간의 손실을 감수하고 돌격하면 얇은 횡대는 쉽게 유린할 수 있었다. 자살행위나 다름없는 얇은 횡대 대열은 오히려 러시아군을 혼란스럽게 만들었다. 러시아군은 얇은 횡대 대열 뒤에 대규모 예비 병력이 잠복하고 있다고 착각한 나머지 돌격을 중지하고 코즈웨이 고지로 물러났다. 붉은 상의와 치마를 입고 얇은 횡대 대열로 늘어선 93보병연대는 이후 '씬 레드 라인^{Thin Red Line}(얇은 적색선)'이라는 이름을 얻게 되었다.

빙엄은 러시아 기병을 물리쳤다고 오판했다. 성격이 급했던 그는 아직도 원위치 중이던 약 600명으로 구성된 중기병여단에게 러시아군을 향한 즉각적인 돌격을 명령했다. 이는 중기병이 20배 이상의 적을 향해 남쪽 계곡의 저지대에서 코즈웨이 고지를 향해 돌격해 올라가라는 의미였다. 이 의외의 돌격에 러시아군은 비틀거렸다. 영국 중기병여단이 10명의 전사자를 잃는 동안 러시아군에게 250명 넘는 사상자가 발생했다.

코즈웨이 고지의 러시아군이 주춤대자 같은 고도의 서쪽 약 450미터에 있던 영국 경기병여단에게 좋은 기회가 생겼다. 장교들은 중기병여단을 도와 전투에 뛰어들자고 계속 건의했지만 경기병여단장 제임스 브루드넬 James Brudenell은 꿈쩍도 하지 않았다. 빙엄이 내린 "현재 위치에 머물러 방어하라"는 명령 때문이었다. 그사이 러시아군은 코즈웨이 고지의 북쪽 계곡으로 후퇴해 대열을 재정비했다. 북쪽 계곡에는 러시아군 보병과 포병도 이미 포진해 있었다.

오타로 인해 잘못 전달된 명령 때문에 우왕좌왕한 영국군 지휘부

오전 10시, 보병사단이 도착하지 않았음에도 서머셋은 마음이 급해졌다. 서머셋은 빙엄에게 "기병은 전진해 고지를 탈환하라. 두 전선으로 전진하라고 명령을 받은 보병의 지원이 있을 것이다"라고 명령을 내리고 싶었는데, 오타 때문에 실제로 빙엄에게 전달된 서머셋의 명령은 "기병은 전진해 고지를 탈환하라. 명령을 받은 보병의 지원이 있을 것이다. 두 전선으로 전진"이었다. 빙엄은 이를 보병이 도착하면 전진하라는 명령으로 이해하고는 아무 행동도 취하지 않았다. 기병사단이 움직이지 않자 짜증이 난 서머셋은 오전 10시 45분 "기병은 (코즈웨이 고지 보루에서) 포를 빼앗아가는 적을 향해 '즉시' 돌격하라"는 명령을 빙엄에게 내렸다.

빙엄은 또다시 서머셋의 명령이 이해되지 않았다. 빙엄 위치에서는 아무런 포도 보이지 않았다. 서머셋의 명령을 전달한 대위 루이스 놀란Louis Nolan은 대충 손을 휘두르며 즉시 돌격하셔야 한다고 채근했다. 빙엄에게 놀란의 손은 동쪽의 러시아 포병을 가리키는 듯 보였다. 자신도 짜증이 난 빙엄은 브루드넬의 경기병여단에게 러시아 포병을 향해 돌격하라고 명령했다. 브루드넬은 "전면에 포병이, 양 측면의 고지대에도 포병이, 그리고 보병도 자리 잡고 있다"고 지적했다. 빙엄은 "나도 압니다만, 서머셋이 원하고, 우리는 명령을 따라야만 합니다"라고 답했다. 오전 11시 10분, 670명의 경기병여단은 약 2킬로미터 떨어진 동쪽의 러시아 포병을 향해 돌격했다. 살아 돌아온 생존자는 약 300명이었다.

알고 보면 1800년생인 빙엄은 1797년생인 브루드넬의 매제였다. 즉, 빙엄의 아내는 브루드넬의 여동생이었다. 빙엄과 브루드넬은 사적인 자리에서는 서로 말을 섞지도 않을 정도로 사이가 나빴다.

발라클라바 전투는 전투와 무관한 의류 두 가지로도 후대에 이름을 남겼다. 하나는 추위를 막기 위해 얼굴만 나오는 방한용 모자였다. 특수부대원이나 테러범이 애용하는 이 모자는 발라클라바의 영국군이 최초로 사용했다 하여 발라클라바라는 이름을 얻었다. 다른 하나는 앞을 단추로 채우는 스웨터, 즉 카디건cardigan이었다. 전투가 벌어졌을 때 발라클라바 항구의 개인 요트에서 자다가 뛰어나왔던 브루드넬은 7대 카디건 백작이었다. 나중에 브루드넬이 영국 사교계에서 유행시킨 앞 트임 스웨터에 카디건이라는 이름이 붙은 이유였다.

28

야마토급 3번함인 세계 최대 항모 시나노를 잡은 무기는?

전함으로 건조 중 항공모함으로 개조된 기구한 숙명을 타고난 군함

1944년 11월 19일, 일본이 갓 완성한 항공모함 시나노信濃가 요코스카橫須賀 해군공창을 나섰다. 1940년 5월 4일 건조가 시작된 시나노의 진수는 1944년 10월 8일에 이루어졌다. 공식 취역일은 11월 19일로 결정되었지만, 사실 시나노는 아직 취역할 준비가 되어 있지 않았다.

시나노의 건조는 극비 중의 극비였다. 배를 만드는 작업자가 이를 누설했다가는 사형에 처해질 수도 있었다. 폭격기 B-29를 개조한 정찰기는 1944년 11월 1일 처음으로 시나노의 모습을 사진기에 담았다. 극비리에 건조 중이던 시나노의 노출을 걱정한 일본 해군은 시나노를 더 남쪽의 히로시마廣島 근방 구레吳 해군공창으로 옮겨 마무리 작업을 하도록 했다. 함장 아베 도시오阿部俊雄는 시나노의 방어구획이 아직 불완전하고 화재를 진압하는 소화계통도 설치 전이라는 이유로 출항을 연기해달라고 요청했다. 요청은 거부되었다.

시나노는 기구한 숙명을 타고난 군함이었다. 시나노라는 이름은 일본 전국시대 영주인 다케다 신겐武田信玄의 본거지에서 유래되었다. 원래 계획대로라면 시나노는 역사상 가장 큰 전함인 야마토大和급의 3번함으로서 전함이 되었어야 했다. 만재배수량이 7만 2,000톤인 야마토는 일본 해군을 대표하는 존재였다. 대함거포주의의 상징과도 같았던 구경 460밀리미터의 함포를 9문 가진 야마토는 일대일 대결이라면 어느 전함에게도 압승을 거둘 세계 최강으로 평가되었다.

1941년 12월 6척의 일본 항공모함에서 발진한 함재기가 하와이 진주항의 미군 전함 4척을 침몰시키면서 전함의 시대가 끝났음을 증명했다. 1942년 6월 미드웨이 해전Battle of Midway에서 일본은 미국과 처음으로 항공모함 대 항공모함의 본격적인 대결을 벌였다. 미국은 항공모함 대수에서 4 대 3으로 앞섰고 포함 전력에서도 훨씬 우세했을 뿐만 아니라 암호해

시나노 항공모함은 건조 중이던 야마토급 전함 3번함을 개장해 항공모함으로 설계 변경한 것이다. 1944년, 미완성인 채 회항 중에 미 잠수함의 어뢰공격을 받아 한 번도 실전에 사용되는 일 없이 침몰했다. 1955년에 미 해군의 항공모함인 포레스탈급 항공모함이 등장하기 전까지 사상 최대의 배수량을 보유한 항공모함이었다.

독으로 일본의 의도를 꿰뚫고 있었다. 4척의 항공모함을 모조리 잃으면서 미군 항공모함 한 척 격침에 그친 일본군의 참패였다. 충격을 받은 일본은 1942년 7월 전함으로 건조 중이던 시나노를 항공모함으로 개조하는 결정을 내렸다.

시나노를 발견한 미국 잠수함 SS-311 아처피쉬

1944년 10월 30일, 미국 잠수함 SS-311 아처피쉬Archerfish가 하와이의 진주항을 출항했다. 11월 9일, 일본에게 뺏은 지 넉 달 된 사이판에 도착한 아처피시는 이틀간 정비 후 11월 11일, 초계임무에 나섰다. 아처피시의 주 임무는 도쿄를 공습하는 미국 폭격기 B-29가 추락할 경우 승무원을 구조하는 것이었다. B-29의 폭격이 없어 한가했던 11월 28일 밤 아처피시는 도쿄만을 빠져나오는 커다란 배를 발견했다. 처음에 유조선이라고 판단했던 배는 구축함 3척이 호위하는 거대한 항공모함이었다.

2차 대전의 미국 주력 잠수함 발라오Balao급 중 하나인 아처피쉬는 그다지 인상적인 잠수함은 아니었다. 1943년 12월부터 네 차례의 초계임무를

2차 대전의 미국 주력 잠수함 발라오급 잠수함 27번함 SS-311 아처피쉬는 사상 최대 배수량을 가진 항공모함으로서 처녀항해 중이던 야마토급 3번함 시나노를 어뢰 단 4발로 격침시켰다.

수행했지만 격침 기록은 전무했다. 유일한 전과는 이번 임무처럼 조종사 구조 임무에 투입된 3차 초계임무 때 한 명을 구출한 것이었다. 구축함 3척이 밀착 호위하는 초대형 항공모함을 단독으로 상대하려다가는 물귀신이 되기 십상이었다.

어뢰 마크 14와 마크 18의 문제점

아처피쉬의 또 다른 고민은 장착된 무기였다. 2차 대전 전 기간에 걸쳐 사용된 미국 잠수함의 주력 어뢰는 마크Mark 14였다. 알코올을 태워 발생하는 기류를 추진력으로 사용하는 마크 14는 희대의 명물이었다. 당시 미국 대통령 프랭클린 루즈벨트Franklin Roosevelt가 "어뢰에서 가장 신뢰할 수 있는 점은 바로 어뢰를 신뢰할 수 없다는 점이다"라고 말할 정도였다.

마크 14의 한 가지 문제는 조정해놓은 수심보다 더 깊이 항주하려는 성질이었다. 이는 실제 탄두의 무게를 감안하지 않고 서둘러 개발한 탓이었

2차 대전 전 기간에 걸쳐 사용된 미국 잠수함의 주력 어뢰 마크 14의 모습. 마크 14는 조정해놓은 수심보다 더 깊이 항주하려는 성질 탓에 평면좌표상으로는 명중이지만 배 밑바닥보다 더 아래로 그냥 지나가버려 아무런 피해를 입히지 못하는 일이 종종 발생했다. 또 자기신관은 터져야 할 때는 안 터지고 터지지 말아야 할 때는 갑자기 터지는 것으로 악명이 높았으며, 충격신관도 적함에 충돌해도 격발이 되지 않고 충격음만 남기는 경우가 한두 번이 아니었다. 이보다 더 끔찍한 일은 원주항주로 어뢰의 위치와 방향을 결정하는 자이로스코프와 키의 오작동으로 어뢰가 목표로 한 적함으로 가지 않고 원을 그리며 되돌아와 어뢰를 발사한 잠수함을 공격하는 경우였다.

다. 그 결과 평면좌표상으로는 명중이지만 배 밑바닥보다 더 아래로 그냥 지나가버려 아무런 피해를 입히지 못하는 코미디 같은 일이 종종 벌어졌다.

마크 14의 또 다른 문제는 신관이었다. 마크 14에는 두 종류의 신관이 병렬로 장착되어 있었다. 미국 해군 병기국이 야심 차게 개발한 자기신관은 터져야 할 때는 안 터지고 터지지 말아야 할 때 갑자기 터지는 것으로 악명이 높았다. 기존 방식이라 할 수 있는 충격신관도 미덥지 않기는 마찬가지였다. 적함에 충돌해도 격발이 되지 않고 충격음만 남기는 경우가 한두 번이 아니었다.

이보다 더 끔찍한 일은 이른바 원주항주였다. 원주항주란 어뢰의 위치와 방향을 결정하는 자이로스코프^{Gyroscope}와 키의 오작동으로 목표로 한 적함으로 가지 않고 원을 그리며 되돌아와 발사한 잠수함 자체를 공격하는 경우였다. 2차 대전 중 마크 14는 총 22회의 원주운동을 기록했다. 1944년 3월 26일 가토^{Gato}급 잠수함 SS-284 털리비^{Tullibee}는 자신이 쏜 마크 14에 의해 침몰한 최초의 미국 잠수함이 되었다.

공식시험에서 마크 14의 문제점이 만천하에 드러나자 1943년 9월 미국 해군이 급하게 제식화한 어뢰 마크 18의 모습. 불발되어 해안에 떠밀려온 독일군 어뢰를 분석해 그대로 따라 만든 마크 18은 내장된 전지로 전기모터를 돌려 추진력을 얻었기 때문에 기류를 이용하기에 하얀 항적이 나타나는 마크 14와 달리 항적이 거의 나타나지 않는 반면에 최대사거리가 짧고 속도가 느리다는 단점이 있었다. 그리고 치명적인 원주항주의 문제를 여전히 안고 있었다.

1943년 9월 미국 해군은 어뢰 마크 18을 급하게 제식화했다. 같은 달에 벌어진 공식시험에서 앞에서 언급한 마크 14의 문제점이 만천하에 드러났기 때문이었다. 당시 마크 14의 한 발당 제작비용은 약 1만 달러로 2019년 가치로 따지면 약 2억 원에 달했다. 이전까지 미국 해군 병기국은 비용을 핑계로 실제 발사를 통한 성능시험을 거부해왔다.

마크 18은 이를 테면 무단 복제품이었다. 즉, 불발되어 해안에 떠밀려온 독일군 어뢰를 분석해 그대로 따라 만든 것이었다. 마크 18은 내장된 전지로 전기모터를 돌려 추진력을 얻었다. 따라서 기류를 이용하기에 하얀 항적이 나타나는 마크 14와 달리 항적이 거의 나타나지 않았다. 대신 최대사거리가 짧고 속도가 느리다는 단점을 감수해야 했다.

종전 후 이뤄진 분석에 의하면 동등한 조건하에 치러진 전투에서 대체로 마크 18은 마크 14보다 열세의 전과를 보였다. 예를 들어, 마크 14의 마크 18에 대한 공격 성공률은 수송선 상대의 경우 14퍼센트, 구축함 상대의 경우 40퍼센트, 그리고 호위함 상대의 경우 150퍼센트가 더 높았다. 유일한 예외는 순양함 이상을 상대했을 경우로 마크 18의 공격 성공률이 마크 14보다 20퍼센트 높았다. 또한 적 군함이 잠수함에 반격하는 비율도 마크 18이 조금 낮았다.

마크 18이라고 해서 원주항주의 문제가 사라지지는 않았다. 1944년 10월 25일 오전 2시반, SS-306 탱Tang이 보유한 마지막 24번째 어뢰가 발사된 지 20초 만에 되돌아와 탱을 침몰시켰다. 그 어뢰가 마크 18이었다. 탱은 총 120척이 건조된 발라오급의 최고 에이스라 할 수 있는 잠수함이었다. 자신의 침몰 시점까지 33척, 11만 6,454톤을 가라앉힌 탱은 2차 대전을 통틀어 미국 잠수함 중 톤수로 1위, 척수로 2위였다. 이런 탱도 마크 18의 원주항주를 피하지는 못했다.

아처피쉬가 발사한 어뢰가 마크 14냐, 마크 18이냐

11월 29일 오전 3시 15분, 6시간 동안 초대형 항공모함을 따라간 아처피쉬는 6발의 어뢰를 발사했다. 곧바로 120미터 심도로 잠항해 호위구축함의 폭뢰 공격에 대비했다. 오전 3시 20분, 6발 중 4발이 항공모함에 명중했다.

아처피쉬가 발사한 어뢰가 마크 14인지 마크 18인지는 외부에 공개된 적은 없었다. 간접적으로 확인할 방법이 없지는 않았다. 발사 시각과 명중 시각으로부터 어뢰가 최대 6분, 최소 5분, 평균 5분의 항주를 했음을 알수 있었다. 마크 18은 속도가 시속 54킬로미터, 최대항주거리가 약 3.7킬로미터였다. 마크 14는 두 가지 모드로 발사가 가능한 바, 고속 모드는 시속 85킬로미터로 약 4.1킬로미터까지 항주했고, 저속 모드는 시속 57킬로미터로 약 8.2킬로미터까지 항주가 가능했다.

평균인 5분을 가정할 때 마크 18은 4.5킬로미터, 마크 14 고속은 7.1킬로미터, 마크 14 저속은 4.8킬로미터를 항주해야 했다. 이 중 마크 18과 마크 14 고속의 거리는 각각의 최대항주거리보다 멀기에 불가능했다. 가능성이 낮은 4분의 시간을 가정하면 마크 18은 3.6킬로미터, 마크 14 고속은 5.7킬로미터, 마크 14 저속은 3.8킬로미터를 항주했다. 마크 14 고속의 거리는 여전히 최대항주거리보다 멀었다. 마크 18의 거리는 아슬아슬하게 최대항주거리보다 작았지만 4분의 항주시간은 극한의 경우였다. 즉, 마크 14를 저속 모드로 쐈을 개연성이 다분했다. 실전에서 격침 전과가 없었던 아처피쉬가 가능한 한 멀리서 쏘고 싶었을 마음도 짐작이 어렵지는 않았다.

아처피쉬의 어뢰 4발을 맞은 지 약 7시간 반 만인 오전 10시 57분, 시나노는 처녀항해를 마치지 못하고 전복되었다. 아처피쉬는 2만 8,000톤의 히요飛鷹급 항공모함을 격침했다는 전공을 귀환 후 겨우 인정받았다. 미국은 종전 후에야 아처피쉬가 격침한 항공모함이 야마토급의 3번함임을 깨달았다.

29

에피로스 왕
피로스가
유명해진 이유는?

로마 연합군보다 1만 명이나 적은 에피로스 연합군의 병력

수차례의 삼니움 전쟁Samnite Wars(기원전 4~기원전 3세기경)을 통해 이탈리아 반도 중부를 정복한 로마의 다음 목표는 이탈리아 반도 남부였다. 그리스 인이 지배하던 그 지역의 핵심 도시는 타렌툼Tarentum이었다. 로마가 협정 을 위반하며 함대를 타란토만Gulf of Taranto에 진입시키자 타렌툼의 귀족들은 로마와 내통해 자국 민주정부의 전복을 꾀했다. 타렌툼군은 타란토만에 진입한 로마함대를 물리쳤지만 전쟁이 본격적으로 벌어지면 로마군의 수 를 이길 수 없으리라고 생각했다. 타렌툼은 이오니아해Ionian Sea 건너 그리 스 본토의 에피로스Epeiros에 원병을 요청했다. 에피로스의 왕 피로스Pyrrhos 는 델피Delphi의 오라클Oracle에게 의견을 구한 후 참전을 결정했다.

기원전 280년 타렌툼에 상륙한 에피로스 연합군은 잡종 부대였다. 에 피로스군의 주력은 1만 5,000명의 팔랑기테Phalangite였다. 팔랑기테는 약 100여 년 전의 그리스 중장보병인 호플리테Hoplite와 조금 달랐다. 호플리 테가 오른손에 길이 2미터가 넘는 창을 들고 왼팔에 호플론hoplon이라는 지름 1미터 정도의 목제 방패를 지녔다면, 팔랑기테는 6미터가 넘는 장 창을 양손으로 들고 왼쪽 어깨에 작은 방패를 찬 창병이었다. 팔랑기테로 구성된 부대는 마케도니아식 팔랑크스Phalanx라고 불렸다.

에피로스 북쪽에 위치한 마케도니아도 5,000명의 팔랑기테를 보냈다. 에피로스, 마케도니아, 이집트, 이 세 나라는 혈연으로 맺어진 동맹이었 다. 보다 구체적으로 이집트의 파라오 프톨레마이오스 1세Ptolemaeos I는 원 래 마케도니아인으로서 알렉산드로스 대왕Alexandros the Great 때의 장군이었 다. 프톨레마이오스 1세의 큰아들은 마케도니아의 왕, 막내아들은 이집트 의 파라오, 딸은 피로스의 아내였다. 결과적으로 에피로스 연합군의 팔랑 기테는 전부 2만 명이었다.

나머지 병력은 다양한 병종으로 구성되었다. 우선 3,000명으로 구성된

고대 그리스 국가 에피로스의 왕 피로스는 3만 5,500명 규모의 병력을 이끌고 전력이 훨씬 앞서는 로마와의 전쟁에서 초반 연전연승했지만 결국 전과에 비례해 발생하는 자국 군대의 대량 희생을 감당하지 못했다. 위 그림은 에피로스군이 전투코끼리를 앞세워 로마와 대적하는 장면을 상상해 묘사한 19세기 말 독일 작품이다.

히파스피스트Hypaspist가 있었다. 히파스피스트는 팔랑크스를 구성하지 않고 보다 자유롭게 운용되는 경창병이었다. 그 다음은 기병이었다. 3,000명인 기병의 대부분은 테살리아Thessalía가 보낸 부대였다. 테살리아는 마케도니아와 더불어 정예기병을 가진 것으로 명성이 높았다. 2,000명의 궁병도 포함되었다. 약간 특이한 병력으로 로도스Rhodos가 보낸 500명의 새총병이 있었다. 타렌툼도 호플리테 6,000명과 기병 1,000명을 동원했다. 이로써 피로스가 지휘하는 부대의 총병력은 3만 5,500명이었다. 그리고 이집트가 파견한 전투코끼리 20마리가 있었는데, 피로스와의 전쟁을 통해 로마군은 전투코끼리의 위력을 처음 경험하게 된다.

반면 집정관 발레리우스 라에비누스Valerius Laevinus가 지휘하는 로마군 병력은 4개 레기온legion과 기병 1,200명이었다. 로마의 보병편제인 레기온 1개의 정원은 5,000명이었다. 또한 로마에 복속된 도시국가들이 1만 6,800명의 중보병과 2,400명의 경보병, 그리고 4,800명의 기병을 내놓았다. 다 합치면 보병 3만 9,200명에 기병 6,000명으로 전체 병력은 4만

5,200명이었다.

양 군대가 조우한 최초의 전투는 헤라클레아^{Heraclea}에서 벌어졌다. 병력 수를 비교하면 에피로스 연합군은 로마 연합군의 80퍼센트에도 못 미쳤다. 절대적인 숫자로도 1만 명 정도가 모자랐다. 이런 정도의 차이라면 전투의 승패는 거의 확실하게 예상할 수 있었다. 병력이 많은 쪽이 이기는 게 당연했다.

병사 셋 중 하나 잃고 얻은 실속 없는 승리

헤라클레아 전투의 결과는 예상 외였다. 치열한 전투 끝에 대열이 무너진 로마 연합군의 패배였다. 로마 연합군의 살아남은 병력은 겨우 도망쳤다. 에피로스 연합군은 이기기는 했지만 피해가 적지 않았다. 1만 1,000명이라는 전사자가 발생했다. 전투에 참가한 병력의 31퍼센트를 잃은 것이었다. 즉, 3명 중 1명이 죽은 셈이었다.

물론 로마 연합군의 손실은 그 이상이었다. 전사자가 에피로스 연합군보다 4,000명이 더 많은 1만 5,000명에 달했고, 약 2,000명이 포로로 잡혔다. 그런데 전사자 비율로 보면 33퍼센트로서 사실상 에피로스 연합군과 같은 수준이었다. 포로는 전투에 패배한 후에 발생한 거라 계산에 넣을 대상은 아니었다. 병력이 많은 로마 연합군이 비슷한 비율로 피해를 입었다는 자체가 이례적인 일이었다.

전투에 승리하기 위한 한 가지 방법은 상대보다 더 많은 병력을 동원하는 것이었다. 병력이 많은 쪽이 전투에 지는 경우는 예외에 속했다. 병력 차가 아주 크면 상대는 싸울 의지를 잃고 항복하기 십상이었다. 결과가 너무나 뻔해서였다. 이런 경우에는 아예 전투가 벌어지지 않았다. 손자^{孫子}가 최상의 방책으로 제시한 "싸우지 않고 이기는" 경우였다.

역사에 이름을 남긴 군인들에게는 한 가지 공통점이 있었다. 바로 병력의 열세에도 불구하고 승리했다는 점이었다. 알렉산드로스 대왕이 그랬고, 한니발Hannibal이 그랬고, 나폴레옹이 그랬다. 나폴레옹은 자신이 치른 거의 모든 전투에서 상대보다 병력이 적었다. 나폴레옹이 최후로 진 워털루 전투에서도 프랑스군은 7만 3,000명이었던 반면, 영국군은 6만 8,000명, 그리고 프로이센군은 5만 명이었다. 나폴레옹은 자신의 경력 내내 "신은 다수의 대대 편에 있다"고 외쳤다. 나폴레옹은 전체 병력은 부족할지언정 특정 공간과 시간 동안 집중을 통해 수적 우세를 만들어내는 솜씨가 남달랐다. 그런 나폴레옹조차도 워털루 전투 때 두 배 가까운 병력 차는 극복하지 못했다.

내처 로마로 진격하다

피로스는 헤라클레아 전투 이후 로마로 진격했다. 이탈리아 남부의 여러 도시국가가 에피로스 편이 되어 군대를 보냈다. 에피로스 연합군은 로마에서 약 60킬로미터 떨어진 아냐니에서 집정관 티베리우스 코룬카니우스Tiberius Coruncanius가 지휘하는 로마군 8개 레기온과 조우했다. 또한 아에밀리우스 바르불라Aemilius Barbula가 지휘하는 4개 레기온과 라에비누스의 잔존 병력이 피로스의 배후를 끊기 위해 이동 중이었다. 수적으로 너무 불리하다고 판단한 피로스는 전투를 회피하고 남쪽의 캄파니아Campania로 후퇴했다.

기원전 279년 피로스는 휘하 부대를 이끌고 서쪽의 아풀리아Apulia 공략에 나섰다. 에피로스 연합군의 보병은 7만 명까지 늘어났다. 하지만 정예라 할 수 있는 에피로스-마케도니아-테살리아 병력은 1만 6,000명에 지나지 않았다. 전투코끼리는 1마리가 죽어 19마리가 남았다.

새로 선출된 집정관 데키우스 무스Decius Mus가 이끄는 로마 연합군의 병력은 이번에도 에피로스 연합군을 능가했다. 8만 명의 보병 중 2만 명이 로마군 레기온이었고, 나머지는 로마의 동맹국 병력이었다. 특히 전투코

오늘날 '피로스의 승리'는 값비싼 승리를 뜻하는 말로 자리 잡았다. 그러나 그것은 피로스의 잘못이 아니었다. 피로스는 질 전투를 연달아 두 번이나 이긴 예외적으로 뛰어난 군인이었다. 다시 말해 피로스의 승리는 병력의 우세가 전투에서 얼마나 중요한지를 역설적으로 증명하는 사례였다.

끼리를 공격하기 위한 300대의 특수 수레를 끌고 나왔다.

양측 부대는 아스쿨룸Asculum에서 맞붙었다. 치열한 난전이 이틀 동안 계속되었다. 에피로스군은 보급품을 쌓아놓은 본진까지 유린되는 피해를 입었다. 최종적으로 후퇴한 쪽은 로마 연합군이었다. 로마 연합군은 약 1만 5,000명을 잃었다. 피로스는 다시 한 번 승리를 거뒀다.

"또 이렇게 이겼다간 망한다"

피로스의 승리는 공짜가 아니었다. 에피로스 연합군 역시 1만 5,000명 정도를 잃었다. 이번에도 전사자의 상당수는 그리스 본토에서 온 정예병력이었다. 적은 병력으로 전투에 이기더라도 이러한 추세가 계속되면 더 이상 전쟁을 계속할 방법이 없었다. 피로스는 부하들에게 "이런 식의 승리를 한 번 더 하게 되면 우리는 완전히 망하고 만다"고 말했다.

이후 '피로스의 승리'는 값비싼 승리를 뜻하는 말로 자리 잡았다. 그러나 그것은 피로스의 잘못이 아니었다. 피로스는 질 전투를 연달아 두 번이나 이긴 예외적으로 뛰어난 군인이었다. 다시 말해 피로스의 승리는 병력의 우세가 전투에서 얼마나 중요한지를 역설적으로 증명하는 사례였다.

피로스는 이후로도 끊임없이 전투를 벌였다. 기원전 278년부터 277년까지는 페니키아인이 지배하던 시칠리아를 정복했다. 기원전 276년에는 튀니지에 위치한 페니키아인의 수도 카르타고^{Carthago} 공략을 준비하다가 역부족으로 중단했다. 기원전 275년에는 베네벤툼^{Beneventum}에서 로마군과 마지막 일전을 벌여 패하고는 그리스 본토로 돌아갔다. 기원전 274년에는 아오스^{Aoös}강 근방에서 안티고누스 2세^{Antigonus II}의 군대와 전투를 벌여 마케도니아 왕권을 빼앗았다. 기원전 272년에는 스파르타의 내전에 개입했다가 장남을 잃고 후퇴했다. 연이어 개입한 아르고스^{Argos}의 내전에서 결국 숨졌다.

30

배수진으로 유명한 탄금대 전투는 신립의 실수일까?

임진왜란 초반의 왜군의 파죽지세

1592년 양력 6월 5일, 신립은 충주성 서북 4킬로미터 지점에 부대를 배치했다. 북쪽에는 남한강이, 서쪽에는 남한강의 지류인 달천이 흐르는 이 곳의 이름은 달천평야였다. 신립이 지휘하는 조선군 8,000명은 강을 등지고 남동쪽을 향했다. 달천평야 북단의 남한강변 절벽은 탄금대彈琴臺라고 불렸는데, 신립은 이 탄금대 앞에서 달천과 남한강을 뒤로 하고 죽기 아니면 살기 전술인 배수진을 펼쳤다.

일본은 같은 해 5월 23일 오후 부산 앞바다에 나타났다. 임진왜란의 시작이었다. 5월 24일 정발과 부산진 수비병력 600명은 고니시 유키나가小西行長가 지휘하는 일본 1군 1만 8,700명을 상대로 싸우다 전멸했다. 같은 날 윤흥신 휘하의 다대포진 병력 700명도 같은 운명을 맞았다. 5월 25일에는 송상현 지휘하에 3,000명이 지키던 경상좌도 방어의 핵심 동래부가 함락되었다. 수백 명에서 많아야 3,000명 정도로 2만 명 가까운 적을 상대하려다 보니 싸우는 족족 연전연패였다. 왜군의 진격속도가 너무 빠른 탓에 조선군 병력은 모이지 못하고 각개격파당했다.

5월 25일, 왜구가 아닌 왜군의 침입 소식이 한성에 전해졌다. 조선은 이 일을 경상도순변사로 급파하기로 결정했다. '변방을 순찰하는 왕의 심부름꾼'이라는 뜻의 순변사는 지역의 군무를 결정할 권한을 가졌다. 1538년생으로 전라좌수사, 함북병사, 전라병사 등을 거친 이일은 당시 조선에서 가장 명성이 높은 군인 2명 중 하나였다. 특히 1583년과 1587년 약 3만 명 병력을 가진 여진족 니탕개尼湯介의 함경도 6진 침공 때 공을 세우며 이름을 날렸다. 조선으로서는 킹 카드를 뽑아든 셈이었다.

6월 2일, 이일은 약 60명의 기병과 함께 경상도 상주목에 도착했다. 오는 길에 모은 4,000명의 추가 보병은 행진 속도가 느려 합류하려면 시간이 한참 더 필요했다. 이일이 지휘한 전체 병력은 원래 상주목 병력 약 700명

함경도(북관) 지역에서 무공을 세운 장수들을 다룬 조선시대 역사화첩 '북관유적도첩'에 수록된 '일전해위도'. 신립이 함경도 은성부사로 재직하던 1583년 군사를 이끌고 여진족 침입에 맞서 싸우는 장면을 묘사했다.

을 더해 800명이 전부였다. 왜군이 이미 가까이 왔다는 제보가 있었으나 이일은 무시했다. 6월 4일, 이일은 상주성 북서쪽의 북천 남쪽에 진을 쳤다. 이 또한 배수진이었다. 1만 8,300명의 고니시 부대는 순식간에 이일 부대를 유린했다. 이일은 거의 단기로 도망쳐 충주목으로 피신했다.

조선 제일의 장수 무너지다

조선의 진짜 에이스 카드는 이일이 아니었다. 이일보다 여덟 살 어린 신립이었다. 함북병사, 함남병사, 평안병사를 거친 신립은 니탕개의 난 때 누구보다도 큰 공을 세운 군인이었다. 신립의 장기는 기병전술이었다. 신립은 원래 말을 잘 타는 여진족 부대를 상대로 그 이상의 전투력을 실전에서 증명해 보였다. 조선은 이일을 선봉으로 보내면서 동시에 신립을 삼도도순변사로 임명했다. 이일보다는 충청, 경상, 전라의 삼도를 통할하는 도순변사인 신립에게 거는 기대가 더 컸다고 볼 수 있다.

신립은 자신의 임무에 대해 낙관적인 생각을 갖고 있지는 않았다. "적의 기세가 매우 드세니 도성으로 후퇴하여 지키도록 하소서"라는 건의를 올렸지만 받아들여지지 않았다. 신립은 더 이상 논하지 않고 80명의 기병과 함께 한성을 떠났다. 6월 5일, 신립은 충주목에 도착했다. 그날 상주 전투에서 패배한 이일이 충주성으로 도망왔다. 신립이 충주목으로 오는 길에 모병한 3,000명과 충주목사 이종장이 충주 근방에서 모아온 5,000명을 합쳐 8,000명의 병력이 신립 밑에 모였다.

신립은 중대 사항 한 가지를 결정해야 했다. 자신의 부대를 어디에 배치해야 하는가 하는 문제였다. 충주목 남쪽의 조령, 즉 문경새재에서 방어하자는 의견이 있었다. 조령은 지세가 험준해 적은 병력으로 방어전을 펼치기 좋았다. 또 관민이 힘을 합쳐 싸울 수 있는 충주성에서 농성하는 방안도 있었다. 마지막으로 충주성 서쪽의 달천평야에 진을 치는 방안이 있었다. 신립은 마지막 세 번째 방안을 택했다. 그러고는 부대가 전멸되면서 자신의 목숨도 잃었다. 이후 신립은 무능한 군인의 대명사로 불리게 되었다.

자신의 목숨을 바친 패장을 위한 변명

여러 선택지가 있을 때 최선의 결정을 내리기 위한 방법 중 하나로 이른바 최적화 기법이 존재한다. 수학의 한 분야로 경제학에서도 활용되는 최적화 기법을 신립이 알았을 리는 없다. 그럼에도 최적화 기법을 통해 당시 신립의 결정을 분석하는 일이 불가능하지는 않았다.

조령과 충주성, 그리고 달천평야의 세 곳은 각각 장단점이 있었다. 해발고도가 642미터인 조령이 지형상 방어에 유리함은 부인할 수 없는 사실이었다. 충주성은 약간의 유리함이 있었고, 달천평야는 보통은 되는 지형이었다. 방어 자체만을 놓고 보면 조령이 제일 유리했다. 명의 군인 이여송李如松은 나중에 조령을 지나면서 "이런 천혜의 요지를 두고도 지킬 줄 몰랐으니 신립은 참으로 부족한 사람"이라고 평했다.

지형은 중요하지만 유일한 고려사항이 될 수는 없었다. 왜군은 1만 8,000명 정도 남은 고니시 1군이 전부가 아니었다. 가토 기요마사加藤清正가 이끄는 2군 2만 2,800명은 경주를 점령하고 단양의 죽령을 넘을 계획이었고, 구로다 나가마사黑田長政의 3군 1만 1,000명은 김해, 성주를 유린하고 추풍령으로 향하고 있었다. 조선은 죽령에는 성응길을, 추풍령에는 조경을 보내 방어하게 했지만 병력은 많지 않았다. 따라서 신립은 조령 하나만을 마음 편히 지키고 있을 입장이 아니었다. 아무리 조령을 지켜내도 죽령이나 추풍령이 뚫리면 한성이 위험해졌다. 삼도도순변사인 신립에게는 모든 왜군의 진격을 막을 책임이 있었다.

다른 고개로 왜군이 우회침투할 가능성을 감안하면 후방과 연결이 쉬운 보급로의 확보가 중요했다. 그런 면에서 조령은 확실히 불리했다. 제일 남쪽에 위치하기도 했고 유사시 부대를 빼 후퇴하기도 까다로웠다. 달천평야가 조령보다는 나았지만 약간의 불리함이 있었고, 충주성은 특별히 좋지도 나쁘지도 않았다.

세 번째 고려사항은 전투 시 장점의 활용이었다. 조선군의 강점은 보병이 아닌 기병에 있었다. 신립은 말을 달리며 활을 쏘는 궁기병대로 전과를 내던 군인이었다. 부산진부터 상주목까지 조선은 성을 이용한 방어와 보병전투에서 졌다. 자신이 잘하는 전술로 왜군 1진의 예봉을 꺾어놓아야 한다고 신립이 생각할 법했다. 궁기병 전술을 펼치기에는 달천평야가 확실히 유리했다. 충주성에서 농성하면 기병 활용에 제약이 있었고, 조령은 기병 활용 면에서 최악이었다.

지금까지 언급한 세 가지 고려사항을 갖고 최적화를 풀면 조령이 아닌 달천평야를 선택하라는 결론이 나온다. 일방적으로 신립의 결정을 폄하할 일은 아니라는 의미다. 전투는 의외성의 영향을 피할 수 없다. 최선의 결정을 내렸지만 질 수도 있고 최악의 결정을 내렸지만 운이 좋아 이길 수도 있다. 단지 졌다는 이유만으로 선택이 잘못되었다고 얘기하는 것은 섣부르다.

최선의 선택, 최악의 결과

6월 6일, 고니시 선봉대는 이미 충주목 근방에 나타났다. 상주목에서 충주목까지는 직선거리로 약 60킬로미터였다. 하루에 약 30킬로미터씩 주파할 정도로 왜군의 진격속도는 빨랐다. 다음날인 6월 7일 낮에 왜군 7,000명이 모습을 드러냈다. 숫자에서 앞선다고 판단한 신립은 기병대를 이끌고 달천평야 남쪽에 나타난 왜군 7,000명에게 두 차례 공격을 퍼부었다.

7,000명이 왜군의 전부는 아니었다. 고니시는 전투 전 자신의 부대를 넷으로 나눴다. 달천을 따라 조선군의 서쪽에 5,000명을, 동쪽에 3,000명을 매복시켰다. 또한 배후에 숨겨둔 3,000명이 조선군이 공격에 정신 팔린 사이 달천평야 동북쪽의 텅 비다시피 한 충주성을 기습해 점령했다. 8,000명 조선군은 왜군 7,000명을 포위하려다 역으로 1만 8,000명에게 포위되어버렸다. 죽령을 통과하려던 애초의 계획을 바꿔, 고니시 부대와

거의 같은 시점에 조령을 통과한 가토의 2군은 전투에 참가할 필요도 없었다. 결과는 조선군 전 병력의 전멸이었다. 신립은 탄금대에서 끝까지 활을 쏘며 항전하다가 자결했다. 이일은 상주 전투에 이어 또다시 도망치는 데 성공했다.

31
영국 항공전에
조종사 경험과 항공기 성능이
미친 영향은?

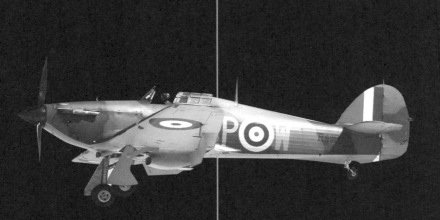

해군이 개입되지 않은 역사상 최초의 공군 간 전투

1940년 7월 영국에 대한 보다 본격적인 독일 공군의 공습이 시작되었다. 후에 '영국 항공전'이라고 이름 붙인 영국 공군과 독일 공군의 대결은 육군이나 해군이 개입되지 않은 역사상 최초의 공군 간 전투였다.

영국 항공전의 시작을 언제로 봐야 할지는 결정하기가 쉽지 않다. 영국 공군은 1940년 5월 11일 독일 도시에 대한 야간공습을 개시했다. 독일 공군은 6월 5일 밤부터 영국에 대한 소규모 공습을 시작했다. 보다 대규모의 공습은 6월 18일 밤에 이루어졌다. 이날 밤의 공습에는 총 100기의 독일 폭격기가 참가했다. 7월 1일 독일은 최초로 주간 공습에 나섰다. 영국의 공식 입장은 1940년 7월 10일부터 10월 31일까지를 영국 항공전 기간으로 보고 있다. 영국 공군박물관은 6월 26일부터 7월 16일까지를 '성가신 공습'으로 규정하는 등 전체 기간을 다섯 기간으로 분류했다. 독일 역사가들은 1940년 7월부터 1941년 6월까지를 단일한 하나의 전투로 간주했다.

영국 점령이 아니라 됭케르크에서 체면 구긴 괴링의 복수가 목적

영국을 점령하려는 생각을 히틀러가 정말로 갖고 있었는지 직접 확인할 길은 없었다. 간접적인 증거로 보면 영국 점령은 히틀러의 관심사는 아니었다. 그보다는 영국의 자존심을 너무 건드리지 않음으로써 19세기 내내 그래왔듯 적당한 수준에서 평화조약을 맺기를 원했다. 히틀러의 시선은 전 세계나 바다보다는 유럽 대륙에 꽂혀 있었다.

수십만 명의 연합군이 됭케르크Dunkerque의 해안에 꼼짝없이 갇혀 있던 5월 24일 히틀러는 갑자기 독일 육군을 정지시키고 독일 공군에게 공격 임무를 줬다. 과대망상 기질이 강한 독일 공군 원수 헤르만 괴링Hermann Wilhelm Göring의 요청이 하나의 이유였다. 다른 때라면 못 들은 척했을 요청을 승인한 건 히틀러였다. 히틀러는 5월 26일 저녁이 되어서야 육군에 대한 정지 명령을 해제했다. 6월 4일까지 약 34만 명의 연합군이 해협을 건너 영국으로 탈출했다.

영국 항공전은 됭케르크에서 체면을 구긴 괴링의 복수전이었다. 괴링은 언제나 그랬듯이 "공군만으로 무릎 꿇릴 수 있다"고 소리 높여 외쳤다. 해군 전력에서 영국에게 밀리는 독일에게 영국을 공격할 유일한 수단은 공군뿐이었다. 실제로 히틀러가 영국 점령에 대해 진지했다면 취해야 할 최초의 방침은 영국 공군의 격멸과 유럽과 영국 사이 해협의 제공권 장악이었다.

초기의 전투는 해협의 영국 수송선단과 호위함대에 집중되었다. 이는 향후의 상륙작전을 염두에 뒀다기보다는 달리 무엇을 해야 할지 몰랐던 독일 2공군함대 사령관 알베르트 케셀링Albert Kesselring과 3공군함대 사령관 후고 슈페를레Hugo Sperrle의 탓이 컸다. 영국은 손실이 누적되고 전투기 간 공중전에서 밀리자 7월 25일 함선의 주간 항행을 중지했다.

8월 6일 독일 공군은 주된 공격 목표를 해협의 영국선단에서 영국 공군 자체로 수정했다. 영국 본토 남부 해안가를 폭격하면 요격을 위해 영국 전투기 편대가 총출동하리라는 계산이었다. 그걸 노려 나흘간 공중전을 벌이면 영국의 전투기는 지리멸렬한 상태가 된다고 예상했다. 그런 후에 영국 중부까지 주간에 폭격을 가해 전쟁수행 능력을 꺾는다는 계산이었다.

8월 18일까지 독일 공군은 모든 전력을 영국의 레이더기지와 비행장에 쏟아부었다. 레이더기지는 파괴하기 쉬운 목표물이 아니었다. 양쪽의 피해는 막대했다.

영국 항공전에 임하는 독일 공군의 전략은 일관되지 않았다. 8월 19일 주 공격 목표를 비행장에서 비행기 공장으로 변경했다. 또한 8월 24일부터는 런던에 대한 본격적인 야간공습이 시작되었다. 8월 25일 영국 공군은 81대의 폭격기를 보내 베를린을 폭격했다. 괴링으로부터 영국 공군이 끝장났다는 보고를 받았던 히틀러는 노발대발했다. 9월 7일부터 독일 공군은 히틀러의 명령에 의해 런던을 주간에도 대규모로 공습하기 시작했다.

제공권을 좌우한 전투기의 성능

영국 항공전의 핵심은 누가 영국의 제공권을 쥐느냐였다. 제공권을 좌우하는 요소는 양측의 전투기 전력이었다. 7월 1일 기준 영국은 754기의 단좌 전투기와 149기의 복좌 전투기를 합쳐 모두 903기의 전투기를 보유했다. 독일의 보유 대수는 6월 29일 기준 1,107기의 단좌 전투기와 357기의 복좌 전투기를 포함해 총 1,464기였다. 즉, 영국의 전투기 대수는 독일의 62퍼센트에 지나지 않았다. 영국 항공전 기간 중 영국 외에 다른 전장이 없었으니 독일은 보유 전투기를 영국 항공전에 쏟아부을 수 있었다.

수적으로는 열세였지만 수비하는 입장에서 영국은 몇 가지 유리한 점을 가졌다. 먼 거리를 날아온 독일 전투기에 비해 영국 전투기는 더 오랜 시간 체공이 가능했다. 또 피격되더라도 낙하산으로 탈출하거나 비행장에 불시착해 다음 공중전을 도모할 수 있었다. 같은 상황이라면 독일 전투기 조종사는 포로로 잡힐 뿐이었다.

전투기 간 성능의 차이는 실재했다. 영국의 단좌 전투기 허리케인 Hurricane은 여러모로 독일의 단좌 전투기 Bf 109를 상대하기 버거웠다. 숫자는 적었지만 단좌 전투기 스핏파이어 Spitfire는 Bf 109에 필적할 성능을 보여주었다. 조종석 후방에 기관총 4문을 가진 회전식 기관총좌를 가진 영국의 복좌 전투기 디파이언트 Defiant는 전방에 장착된 무기가 없다는 치명적인 단점을 가졌다. 독일의 복좌 전투기 Bf 110은 기동성에 약점이 있었지만 의외로 나쁘지 않은 교환비를 기록했다. 교환비는 격추한 대수 대

영국 항공전에 투입된 독일 하인켈(Heinkel) He 111(사진)은 영국 전투기 허리케인과 스핏파이어를 상대하기에는 역부족이었다.

격추된 대수로 정의된다.

당시 전투기의 성능을 결정하는 한 가지 중요한 요소는 속도였다. 일례로, 스핏파이어 마크5에 비해 스핏파이어 마크9의 교환비는 대략 두 배정도 높았다. 즉, 스핏파이어 마크5가 어느 특정 기종과 1 대 1의 교환비를 가진다면 마크9는 2 대 1의 교환비를 가졌다. 마크5와 마크9의 어쩌면 유일한 차이는 최고속도였다. 마크5의 최고속도는 시속 595킬로미터인 반면, 마크9는 시속 650킬로미터였다.

전투기 성능 못지않게 중요한 조종사의 경험

전투기 성능 못지않게 중요한 요소는 조종사였다. 7월 1일 기준 영국 전투기 부대에 배치된 조종사는 모두 1,103명이었다. 이들 중 상당수는 기본 비행훈련만 겨우 마친 초짜였다. 어차피 보유한 전투기 수가 903기로 11명 중 2명은 타고 싶어도 탈 전투기가 없다는 점이 다행이라면 다행이었다. 이렇게 된 이유는 프랑스 전투 기간 중 435명의 조종사를 잃고 그 배 이상의 조종사가 부상당했기 때문이었다. 이에 반해 대부분의 독일 전투기 조종사는 실전 경험을 가졌다. 그들 중 일부는 1936년의 스페인 내전부터 공중전을 치러온 베테랑이었다.

실전 경험은 돈으로 살 수 없는 귀중한 자산이었다. 영국 공군의 분석에 의하면 전투기가 격추될 확률은 조종사가 이전에 치른 전투의 횟수가 늘어남에 따라 줄어들었다. 보다 구체적으로 첫 번째 전투에 나선 조종사가 격추될 확률은 여섯 번째 전투에 나선 조종사가 격추될 확률보다 세 배가 높았다.

영국 승리했지만 독일보다 피해 큰 건 베테랑 조종사 부족 때문

영국 항공전에서 독일이 애초의 목표를 달성하지 못했음은 사실이다. 하지만 독일 공군의 손실이 영국 공군보다 컸다는 통상의 이해는 사실이 아니다. 2015년에 출간된 크리스터 베리스트룀Christer Bergström의 책에 의하면, 1940년 7월부터 10월까지 독일은 Bf 109를 533기, Bf 110을 229기 잃어 전투기 손실은 모두 762기였다.

반면 7월 26일부터 10월 26일까지의 손실에 대한 영국 공군의 공식 집계에 따르면 허리케인 550기와 스핏파이어 354기, 총 904기가 행방불명 및 완파로 분류되었다. 이 비교만으로도 영국 전투기의 피해가 클뿐더러 일선부대 정비불가로 분류된 허리케인 320기와 스핏파이어 227기도 더하면 영국 전투기 피격 대수는 1,451기까지 올라갔다.

폭격기의 손실은 물론 독일이 컸다. 독일은 Ju 87 슈투카를 비롯해 778

기의 폭격기를 잃었고 정찰기 등의 기타 66기도 잃었다. 영국은 349기의 폭격기를 잃었고 연안사령부 소속의 항공기 149기도 격추되었다. 이를 다 합치면 독일 1,606기, 영국 1,949기로 여전히 영국의 피해가 컸다.

돌이켜보면 영국의 가장 큰 약점은 전투기 조종사의 수와 질이었다. 수는 어떻게 채운다 쳐도 공중전 경험이 없거나 부족한 조종사는 독일 전투기의 밥이 되기 쉬웠다. 영국 공군 전투기사령부 사령관 휴 다우딩Hugh Dowding은 무엇보다 베테랑 조종사의 부족을 걱정했다.

영국 요크대학의 제이미 우드Jamie Wood는 통계의 가중 부트스트래핑Bootstrapping 기법을 이용해 독일 공군이 다르게 싸웠다면 영국 항공전의 결과가 어떻게 바뀌었을지를 연구했다. 우드는 됭케르크 철수 직후부터 독일 공군이 모든 전력을 기울여 영국을 공격하고 또 런던 같은 도시를 폭격한다고 오락가락하는 대신 오직 비행장에만 공습을 집중했다면 승패가 확연히 바뀌었으리라는 결론을 얻었다. 2020년 1월에 발표된 우드의 논문에 의하면 승률이 원래 반반인 경우 독일 공군이 이처럼 하면 영국의 승률이 10퍼센트대로 하락하고, 영국의 원래 승률이 98퍼센트였어도 독일 공군이 이처럼 싸우면 영국의 승률이 34퍼센트로 하락했다. 이 방법은 경험 있는 영국의 전투기 조종사를 끝까지 소모시키는 방법이었다.

32
수많은 폭격에도
끄떡없던
타인호아 다리는
어떻게 무너졌나?

베트남 전쟁에 대한 전면적인 군사 개입 시작한 미국

1972년 4월 27일, 미국 공군 8전투비행단 소속 F-4 팬텀Phantom 전폭기 12기는 태국의 우본Ubon 공군기지를 이륙했다. 목표는 북베트남의 타인호아Thanh Hoa 다리였다. 남마Nam Ma강을 건너는 타인호아 다리는 길이 160미터, 폭 17미터의 철교였다. 당시 북베트남의 수도 하노이Hanoi에서 남쪽으로 120킬로미터 떨어진 지점에 위치한 타인호아 다리를 건설한 주체는 베트남을 식민지로 삼았던 프랑스였다.

1960년대에 미국은 전쟁을 일으키기 위한 공작을 서슴지 않았다. 1961년 4월 17일, 1,400명의 무장병력이 탄 배 8척이 쿠바의 피그만Bay of Pigs에 상륙했다. 다수의 쿠바인으로 구성된 이 부대의 목표는 쿠바 정부의 전복이었다. 외관상 쿠바 반란군으로 포장했지만 이들에 대한 작전을 짜고 훈련시키고 돈을 대준 주체는 미국 정부였다. 1964년 8월 초에는 통킹만Gulf of Tonkin에서 작전 중이던 미국 구축함 매독스Maddox와 터너조이Tuner Joy가 북베트남 어뢰정으로부터 선제공격을 받았다고 주장하는 이른바 통킹만 사건이 벌어졌다. 이를 핑계 삼아 미국은 베트남 전쟁에 대한 전면적인 군사적 개입을 시작했다. 당시의 미국 국방장관 로버트 맥나마라Robert McNamara는 1995년에 출간한 회고록에서 통킹만 사건이 미국의 자작극이었음을 고백했다.

폭탄 세례에도 건재한 철교

1965년 4월 3일, 미군은 작전명 롤링썬더Operation Rolling Thunder를 개시했다. 4주 기간으로 예정된 롤링썬더 작전의 목표는 북베트남 내의 병참선을 미국이 자랑하는 항공전력으로 끊어버리는 것이었다. 그렇게 되면 남베트남에서 준동하는 북베트남 게릴라, 즉 베트콩의 공세를 무력화할 수 있다고 믿었다. 이를 위해 통상적인 공습 목표인 레이더기지, 병영, 무기저

1967년 9월 10일 미국 해군 전투기 A-4E 스카이호크가 북베트남 타인호아 지역의 철로를 폭격하는 장면. 베트남전 초기인 1965년 4월 미군이 공중 폭격으로 북베트남군 병참선을 끊고자 개시한 '롤링썬더' 작전은 강한 반격에 막히면서 당초 예정된 4주를 훌쩍 넘겨 3년 넘게 계속되었다.

장고 외에 수십 곳의 다리와 항구 등을 목표로 삼았다. 실제로 4주간의 폭격으로 인해 26곳의 다리가 파괴되었다.

롤링썬더 작전의 애초 목표 중 하나였던 타인호아 다리도 첫날인 4월 3일 공습을 받았다. 46기의 전폭기 F-105 썬더치프Thunderchief가 다리를 폭격하고, 21기의 F-100 수퍼세이버Super Sabre가 다리 주변의 대공포대를 공격하는 임무를 맡았다. 46기의 썬더치프 중 16기는 무선과 조이스틱으로 유도하는 AGM-12 불펍Bullpup 공대지미사일을 각각 2기씩 장착했다. 탄두의 무게가 약 110킬로그램인 32기의 불펍은 모두 다리에 명중했지만 다리는 화약에 조금 그을렸을 뿐 멀쩡했다.

미 공군은 불펍의 폭발력이 충분히 강하지 않을 때를 대비해 나머지 30기의 썬더치프에 다른 무기를 장착했다. 각 기체는 불펍 탄두의 세 배에 달하는 약 340킬로그램짜리 폭탄을 8개씩 장착했다. 첫 번째 폭격은 강한 남서풍 때문에 빗나갔지만 이어진 폭격은 다리 상판의 철로와 그 위의

하중을 지탱하는 상부구조물에 명중했다. 그러나 다리는 건재했다. 공습의 효과는 그저 몇 시간 동안 다리 위 통행을 중단시킨 게 전부였다.

　미군의 자존심을 긁는 일은 그게 다가 아니었다. 요격 임무로 출격한 북베트남 공군의 미그-17과 미 해군 항공모함 행콕Hancock에서 출격한 F-8 크루세이더Crusader가 공중전을 벌인 결과 각각 1기씩 격추되었다. 초음속 전투기인 데다가 공대공미사일 사이드와인더Sidewinder로 무장한 크루세이더가 아음속이면서 23밀리미터 기관포밖에 없는 미그-17에게 먼저 격추되었다는 사실은 미군에게 충격이었다. 미군은 북베트남군의 대공포대에 의해서도 3기의 항공기를 잃었다. 북베트남군은 타인호아 다리 주변에 5개 방공연대를 배치해두었다.

　다음날인 4월 4일, 미군은 재차 공습에 나섰다. 오직 340킬로그램 폭탄만 매달고 온 48기의 썬더치프는 연달아 타인호아 다리를 맹폭했다. 베트남인들은 이 다리를 함롱Ham Rong 다리라고 불렀다. 함롱은 베트남말로 '용의 턱'을 뜻했다. 용의 턱은 그대로였다. 게다가 4기의 미그-17은 제공 임무를 맡은 21기의 F-100 수퍼세이버의 엄호를 뚫고 썬더치프 편대를 덮쳤다. 2기의 썬더치프가 추락했고 조종사도 모두 죽었다. 전날과 마찬가지로 5기의 미군 항공기가 북베트남군의 대공포에 의해 격추되었다. 북베트남군은 이날 3기의 미그-17을 잃었다.

3년 넘는 파괴 공작도 허사

군사 테크놀로지는 전쟁과 경제에 적지 않은 영향을 미쳐왔다. 전쟁이 군사 테크놀로지에 의해 좌우됨은 역사적으로 자명했다. 일례로, 기원전 12세기의 아시리아는 철제 무기로 주변의 청동기 세력을 제압하고 광대한 제국을 건설했다. '그리스의 불Greek Fire'이라는 극비의 인화성 물질을 해전에 활용한 동로마는 서로마가 멸망된 후에도 약 1000년간 제국을 영위했다. 화약과 총포의 개발은 기병 귀족의 권력을 무력화시켰다.

경제가 군사 테크놀로지에 의존하는 관계는 전쟁보다는 불분명했다. 공격무기 개발이 기술적 파급효과와 광범위한 생산성 증가를 가져오는 경우는 생각보다 많지 않았다. 또한 무기 생산으로 인한 국내총생산의 증가는 인력과 자원의 기회비용 손실, 구축효과, 전쟁으로 인한 피해에 비하면 사소한 기여에 가까웠다. 한편, 직접적인 파괴와 무관한 방어적 군사 테크놀로지는 예기치 않은 영역에서 민수산업 발전을 이끌기도 했다. 예를 들어, 소련의 핵공격 시에도 군사용 통신을 유지하기 위한 아르파넷ARPAnet은 현재의 인터넷 산업의 모체가 되었다. 또, 애초에 군사적 목적으로 개발된 위성위치확인시스템GPS은 1983년 소련에 의한 대한항공 007편 격추를 계기로 민간에게 개방되었다.

통상적인 폭격이 소용이 없자 미 공군은 혁신적인 방법도 시도했다. 1966년 5월에 수행된 작전명 캐롤라이나 달Operation Carolina Moon은 자기장 센서를 장착한 대형 기뢰를 남마강에 투하하는 작전이었다. 기뢰가 타인호아 다리의 철제 구조물을 감지해 다리 바로 밑에서 터지면 무너뜨릴 수 있다는 계산이었다. 대형 기뢰 투하가 가능한 유일한 수송기 C-130 허큘리스Hercules는 5월 30일 5발의 기뢰를 투하했다. 그중 4발이 다리 밑에서 터졌지만 소용없었다. 다음날 다시 기뢰를 떨어뜨리러 온 허큘리스는 대공포에 격추되어 탑승자 전원이 사망했다. 허큘리스를 호위하던 최신예 전폭기 F-4 팬텀 1기도 덩달아 격추되었다.

미 해군도 타인호아 다리를 대상으로 1968년까지 폭격을 계속했다. A-4 스카이호크Skyhawk나 A-6 인트루더Intruder와 같은 공격기는 물론이고 팬텀Phantom도 공격에 가담했다. 특히 미 해군은 '발사 후 망각Fire and Forget'이 가능한 텔레비전유도 공대지미사일 AGM-62 월아이Walleye를 투입해 다리 파괴를 꾀했다. 1967년 450킬로그램 탄두를 단 월아이는 타인호아 다리에 정확히 명중했지만 결과는 같았다.

결국 신무기에 주저앉은 '용의 턱'

애당초 4주간 폭격으로 계획되었던 롤링썬더 작전은 1968년 10월까지 3년 넘게 계속되었다. 롤링썬더 작전으로 인해 미 공군, 해군, 해병대는 각각 506기, 397기, 17기의 항공기를 잃었다. 피해가 큰 작전의 지속이 그해의 대통령 선거에 부정적인 영향을 미칠까 두려웠던 미국 대통령 린든 존슨Lyndon Johnson은 1968년 11월 1일 북베트남에 대한 공습을 전면 중단했다. 결국 존슨은 불출마했고 존슨 대신 민주당 후보가 된 휴버트 험프리Hubert Humphrey는 낙선했다.

3년 넘게 미군의 폭격을 받지 않던 타인호아 다리는 1972년 4월에 폭탄을 다시 맞았다. 1972년 3월 30일, 북베트남군은 미국 대통령 선거의 해를 맞이해 압박을 가할 목적으로 일명 '부활절 공세'를 개시했다. 그러자 반전보다는 강한 지도자의 이미지를 원했던 현직 대통령 리처드 닉슨Richard Nixon은 북베트남 폭격을 재개하는 작전명 라인배커Operation Linebacker를 승인했다.

4월 27일, 태국 우본 공군기지를 이륙한 12기의 팬텀 중 호위 임무를 맡은 4기를 제외한 나머지 8기는 새롭게 개발된 두 가지 무기를 장착했다. 하나는 레이저로 유도되는 900킬로그램 탄두를 가진 페이브웨이Paveway였고, 다른 하나는 월아이의 탄두 중량을 900킬로그램으로 늘린 이른바 '월아이 II'였다. 잔뜩 낀 구름 때문에 사용할 수 없었던 페이브웨이 대신 월아이 II가 발사되었다. 5발의 월아이 II에 직격된 타인호아 다리는 무너지지는 않았지만 처음으로 일부가 뒤틀렸다. 고무된 미군은 5월 13일, 2차 공습을 가했다. 14기의 팬텀 편대는 1,400킬로그램과 900킬로그램짜리 페이브웨이를 명중시켰다. 결국 타인호아 다리는 꺾여서 부러졌다.

33

미국 남북전쟁
요크타운 전투에서
병력 우위의 북군 막아선
남군의 복병은?

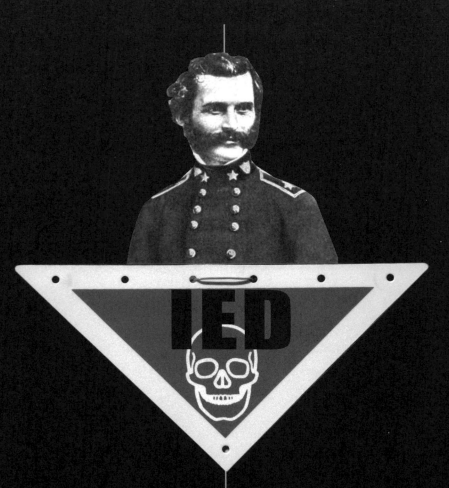

미국 남북전쟁 때인 1862년 버지니아 반도와 그 양안의 요크강과 제임스강을 통한 수륙양면 공격으로 남부연맹군 수도 리치먼드로 진격하려던 북부연방군의 계획은 남부군의 철갑증기선 버지니아의 위력에 가로막혔다. 위 그림은 버지니아(그림 왼쪽)와 북부군이 대항마로 건조한 철갑증기선 모니터가 햄프턴수도해전에서 일대일 대결을 벌이는 장면을 묘사한 것이다. ⓒ 미국 의회도서관

병력 12배 적군 맞아 방어선 친 남부연맹군

1862년 4월 5일, 에라스무스 키이스가 지휘하는 북부연방군 4군단은 버지니아 반도 서쪽에서 남부연맹군과 조우했다. 4군단은 서북쪽 약 80킬로미터 거리에 위치한 남부연맹 수도 리치먼드Richmond를 향해 북진하던 중이었다. 애초에 연방군은 버지니아 반도 동쪽의 요크타운Yorktown 주변에만 연맹군이 배치되어 있고 서쪽은 텅 비어 있다고 예상했다. 실제의 연맹군은 버지니아 반도 서쪽의 워릭Warwick강에서 동쪽의 요크타운을 가로지르는 일명 워릭 방어선을 구축해두고 있었다. 피해 없이 빠른 속도로 리치먼드까지 내달리려는 연방군의 계획은 이로써 틀어져버렸다.

남북전쟁은 1861년에 시작된 미국의 내전이었다. 미국으로부터 분리를 원했던 남부 7개 주는 3월 4일 남부연맹을 결성하고 제퍼슨 데이비스Jefferson Finis Davis를 대통령으로 선출했다. 연맹은 7개 주에 위치한 5곳의 연

방군 요새를 비우라고 연방에게 요구했다. 연방이 거부하자 연맹군은 4월 12일 사우스캐롤라이나에 위치한 섬터 요새Fort Sumter를 포격했다. 섬터 요새 주둔 연방군은 연맹군 포격으로 인한 병력 손실 없이 다음날 기지를 비웠다. 4월 15일, 연방 대통령 에이브러햄 링컨Abraham Lincoln이 병력 동원을 요청하자 4개 주가 추가로 연맹에 합류했다. 노예제를 지지하는 델라웨어나 메릴랜드 같은 주는 연방을 탈퇴하지는 않았지만 적지 않은 주민이 연맹군에 입대했다.

미국을 두 조각 낸 연맹의 경제력은 연방에 비해 열세였다. 개전 시점에 연맹의 인구는 흑인 노예 360만 명을 포함해 약 900만 명이었다. 이는 연방 인구 2,200만 명의 반에도 못 미쳤다. 공업 생산력은 연방의 10퍼센트 정도였고 무기 생산력으로 한정하면 3퍼센트에 지나지 않았다. 내전 기간 중 양쪽이 동원한 최대 병력 규모에서도 당연히 큰 차이가 났다. 연방의 210만 명에 비해 연맹은 100만 명에 그쳤다.

1862년 봄, 수적으로 우세한 연방군은 본격적인 공세에 나섰다. 조지 맥클레런George McClellan이 지휘하는 동부의 이른바 포토맥군은 3월 17일 버지니아 체사피크만Chesapeake Bay에 위치한 먼로 요새Fort Monroe에 상륙했다. 4군단을 포함한 3개 군단으로 구성된 포토맥군에는 12만 명 이상의 병력이 있었다. 포토맥군을 상대할 연맹의 북버지니아군은 7만 명 정도에 그쳤다. 게다가 대부분의 병력은 리치먼드 북쪽 150킬로미터에 위치한 컬페퍼Culpeper에 있었다. 당장의 버지니아 반도 수비 병력은 존 매그루더John B. Magruder 휘하의 1만 1,000명이 전부였다.

수적으로는 완연한 열세였지만 방어선을 구축한 매그루더군에게는 워릭강이라는 지형상의 이점이 있었다. 연방군의 3군단과 4군단은 각각 버지니아 반도 동쪽과 서쪽에서 동시에 공격을 가했지만 포대와 진지로 강화된 연맹군의 방어를 쉽게 뚫을 수가 없었다. 4월 6일 밤부터 시작된 폭우로 인해 10일까지 연방군의 공세는 사실상 중단되었다. 그사이 조지프 존스턴Joseph Eggleston Johnston이 지휘하는 북버지니아군 주력은 철도를 이용해 요크타운과 워릭 방어선에 충원되었다. 이제 연방군이 워릭 방어선을 정면돌파하려면 상당한 병력 손실을 감수해야 했다.

수륙양공 구상 가라앉힌 철갑증기선

맥클레런이 당초 구상했던 작전은 이보다 훨씬 입체적이었다. 그는 수륙 양면 공격을 준비했었다. 포토맥군이 버지니아 반도를 따라 북상함과 동시에 반도 동쪽의 요크York강과 반도 서쪽의 제임스James강을 따라 연방 해군과 해병대도 공격에 가담하는 그림이었다. 특히 제임스강을 따라 상류로 올라가면 리치먼드 중심부까지 배로 닿을 수 있었다. 매그루더가 구축한 워릭 방어선도 연방군이 강을 이용해 우회할 수 있다면 손쉽게 뚫을 수 있었다. 후방과 연결된 병참선의 단절을 염려할 연맹군이 알아서 후퇴할 일이었다.

맥클레런의 반도 작전은 생각지 못한 복병을 만났다. 포토맥군이 먼로 요새에 상륙하기 10일 전인 3월 7일, 연맹 해군은 연맹 최초의 철갑증기선 버지니아Virginia를 완성했다. 4,000톤 배수량에 12문의 포를 가진 버지니아는 3월 8일 햄프턴 수도 해전Battle of Hampton Roads에 투입되자마자 연방 해군의 컴벌랜드Cumberland와 콩그레스Congress를 연달아 침몰시켰다. 2,000톤급의 목제 범선 프리깃인 컴벌랜드와 콩그레스가 쏜 포탄은 버지니아의 장갑을 맞고 튕겨 나왔다.

연방 해군의 유일한 희망은 자신들의 철갑증기선 모니터Monitor였다. 연맹이 버지니아를 건조 중임을 알게 된 연방은 황급히 연맹을 따라 모니터를 만들었다. 3월 9일, 버지니아와 모니터는 일대일 대결을 벌였다. 1,000톤급의 모니터는 무장은 빈약했지만 버지니아의 포탄에 관통되지는 않았다. 햄프턴 수도 해전의 한 가지 확실한 결과는 맥클레런이 계획했던 수류양면 공격이 불가능해졌다는 점이었다. 연방 해군은 버지니아가 활동하는 제임스강에 진입하기를 거부했다. 동쪽의 요크강도 요크타운과 강 건너편의 글로스터포인트Gloucester Point의 포대를 무력화한 후에야 진입이 가능했다. 이제 맥클레런에게 남은 선택지는 참호를 파고 공성포대를 동원해 연맹군의 진지를 차례차례 파괴해나가는 방법뿐이었다.

후퇴하는 남군을 지킨 급조폭발물

군사적 약자는 강자와 다른 방식으로 전쟁하기 마련이다. 강자가 하듯 정규전으로 맞서다가는 지기 십상이다. 약자가 비정규전 혹은 게릴라전을 펼치는 이유는 그래야 그나마 이길 가능성이 약간이라도 생기기 때문이다. 군사적 약자는 무기도 비정규전에 어울리는 무기를 사용한다. 돈이 넉넉지 않은 게릴라부대는 적은 비용으로 큰 효과를 거두는 무기를 원한다. 일명 사제폭탄 혹은 급조폭발물IED, Improvised Explosive Device을 군사적 약자가 즐겨 사용하는 이유다.

급조폭발물은 근래에 발명된 무기는 아니다. 1573년 독일인 사무엘 짐머민Samuel Zimmermann은 땅을 파 흑색화약을 묻고 그 위에 돌멩이를 쌓아 적이 접근하면 폭파시키는 일명 푸가스Fougasse를 만들었다. 사실 푸가스는 원래 화로에서 구운 납작한 프랑스식 빵을 가리켰다. 고대 로마시대 때 화덕 안의 재 밑에 묻어 구워 먹은 빵 파니스 포카치우스panis focacius에서 나온 말이었다. 17세기에 프랑스군 엔지니어로 이름을 날린 세바스티앵 드 보방Sébastien Le Prestre de Vauban도 푸가스 활용에 대해 언급했다.

5월 1일, 이동해온 연방군 공성포대 선발대가 사격을 개시하자 존스턴은 이제 방어선을 리치먼드 가까이로 옮겨야 할 때라고 결정했다. 5월 3일까지 요크타운과 워릭강 북안의 진지에 배치되어 있던 연맹군은 북쪽으로 후퇴했다. 맥클레런은 5월 5일에 공성포대의 화력을 전면적으로 투사할 계획이었다. 가장 마지막에 후퇴한 연맹군 부대는 주력부대의 후퇴를 숨기기 위해 일부러 더 연방군을 향해 더 많은 사격을 가했다.

5월 4일 새벽, 연방군은 연맹군이 후퇴했다는 첩보를 접수했다. 맥클레런은 휘하 3개 군단에게 즉시 전진해 연맹군이 진짜로 후퇴했는지 확인하라고 명령했다. 선두 병력이 텅 빈 요크타운에 진입한 순간 땅에서 무언가가 폭발했다. 연맹군 준장 게이브리얼 레인즈Gabriel J. Rains의 지휘하에 체계적으로 땅에 묻어놓은 포탄이 터진 것이었다.

레인즈가 포탄을 활용한 급조폭발물을 사용하기는 이번이 처음이 아니었다. 20여 년 전 미국과 아메리칸 인디언 사이의 2차 세미놀 전쟁Second Seminole War 때 대위였던 레인즈는 이미 비슷한 무기를 만들어 썼다. 당시 레인즈의 급조폭발물을 부르는 명칭은 '지하포탄' 혹은 '육상어뢰'였다. 육전에서 푸가스가 사용된 것처럼 수뢰 또한 해전에서 사용되었다. 가령, 알프레드 노벨Alfred Bernhard Nobel의 아버지 임마누엘 노벨Immanuel Nobel은 19세기 중반에 기뢰를 개발해 러시아에 팔았다. 러시아는 노벨의 기뢰를 크림 전쟁 내내 사용했다.

연방군은 레인즈의 급조폭발물을 두고 비신사적인 행위라고 몹시 비난했다. 심지어 동료인 연맹군에서도 레인즈를 비난하는 사람이 없지 않았다. 맥클레런은 급조폭발물을 발견하면 포로로 잡은 연맹군 병사를 시켜 해체하게 했다. 5월 5일의 윌리암스버그 전투Battle of WIlliamsburg 후 연방군은 후퇴한 연맹군을 쫓아 북쪽으로 10킬로미터 정도 진출했다가 또다시 레인즈의 급조폭발물을 만났다. 이번의 희생양은 연방군 기병대였다. 전진을 멈춘 연방군은 계속 이 길로 전진해야 할지 3일간 고민한 끝에 결국 다른 길을 택했다. 연방군의 전진을 지연시켜 시간을 번다는 레인즈의 목표는 충분히 달성되었다.

34

1차 대전
독일-프랑스 국경 전투에서
프랑스군이 범한
시대착오적 실수는?

두 앙숙, 국경 두고 길게 대치하다

1914년 8월 7일, 14사단과 41사단으로 구성된 프랑스 7군단은 동북쪽의 뮐루즈Mulhouse를 향해 국경을 넘었다. 뮐루즈는 단순하지 않은 과거를 가진 도시였다. 16세기 초부터 스위스의 일부였던 뮐루즈는 프랑스 혁명 후인 1798년 시민들의 투표에 의해 프랑스에 합류했다. 1871년 프랑스-프로이센 전쟁에서 프랑스가 패하면서 알자스Alsace에 속한 뮐루즈는 뮐하우젠Mühlhausen으로 이름이 바뀌었다. 뮐루즈는 프랑스 작가 알퐁스 도데Alphonse Daudet가 쓴 〈마지막 수업La dernière classe〉의 무대였다. 독일에게 내준 알자스가 못내 아쉬웠던 프랑스는 1차 대전이 시작되자마자 이를 되찾기 위한 공격을 개시했다. 즉, 뮐루즈 전투는 1차대전에서 프랑스군이 치른 최초의 전투였다.

독일은 개전 초 프랑스를 굴복시키기 위해 전매특허라고 할 수 있는 우회기동을 통한 포위섬멸전을 시도했다. 국경을 직접 마주한 남쪽의 6군과 7군이 전면의 프랑스 1군, 2군과 엉겨붙는 사이 북쪽에 배치된 1군부터 5군까지의 5개 군이 벨기에를 관통해 파리로 진격하는 계획이었다. 1905년까지 독일군 총참모장이었던 알프레트 폰 슐리펜Alfred Graf von Schlieffen이 수립한 원래의 작전계획은 사실 이보다 더 대규모였다. 슐리펜이 꿈꿨던 규모에 미달했던 독일군은 기다랗고 큰 낫보다는 짧은 호미에 가까웠다.

8월 2일에 룩셈부르크를 점령한 독일군은 8월 3일, 프랑스에 선전포고를, 벨기에를 향해서는 영토 통과를 방해하지 말라는 최후통첩을 날렸다. 벨기에가 거부하자 곧바로 다음날 아침 독일군은 벨기에를 침공했다. 병력이 많지 않은 벨기에군이 독일군을 단독으로 막아낼 가능성은 낮았다. 단적인 예로, 당시 벨기에군의 거치식 기관총은 개가 끌었다.

프랑스군은 독일군의 계획과 의도를 모르지 않았다. 프랑스-프로이센 전쟁에서 패배한 후 프랑스는 벨기에를 포함한 국경지대까지 병력을 신

1차 대전 초기였던 1914년 8~9월 앙숙 관계이던 프랑스와 독일은 양국 국경은 물론이고 북쪽 벨기에까지 이르는 긴 전선을 두고 동시다발적 전쟁을 치렀다. 독일군에게 침공당한 벨기에의 군인들이 기관총을 운반하는 개들을 이끌고 후퇴하고 있다.

속하게 수송할 수 있는 철로를 16개 건설했다. 이는 13개 철로를 사용할 수 있는 독일보다 더 신속하게 병력을 배치할 수 있다는 의미였다. 프랑스 3군, 4군, 5군은 곧바로 국경을 넘어 벨기에 영토로 진입했다. 가장 좌익에 선 프랑스 5군의 북쪽에는 영국군이 자리했다. 결과적으로 프랑스의 5개 군은 개전 첫달에 북쪽의 벨기에 영토부터 남쪽의 독일 접경 지대에 걸쳐 독일군과 대치했다. 동시다발적인 전투는 당연한 일이었다. 이 전투들은 나중에 집합적으로 '국경 전투'라고 알려졌다.

속사포로 40년 전 설욕 나선 프랑스

비록 40여 년 전 프랑스-프로이센 전쟁의 패배로 자존심에 금이 가기는 했지만 여전히 프랑스군은 유럽의 대표적인 강군이었다. 우선 프랑스군의 포는 당대 최고 수준이었다. 가령, 1897년에 개발된 구경 75밀리미터 야포 슈나이더Schneider에는 주퇴복좌기가 달려 있었다. 주퇴복좌기는 포의 역사에 한 획을 그은 혁신적인 기계장치였다.

슈나이더 이전의 모든 포에 공통적으로 존재했던 한 가지 문제는 발사 때의 반동이었다. 쏠 때마다 반동 때문에 바퀴 달린 포가가 뒤로 굴러가 여차하면 무거운 포에 깔릴 위험이 다분했다. 또다시 원위치시켜서 조준하는 데 많은 시간이 소요되어 빨라야 1분당 2발 발사가 고작이었다. 대구경의 공성포나 중포가 주로 사용하는 바퀴가 없는 고정된 포좌도 완전한 해결책이 될 수 없었다. 요새를 방어하는 포라면 몰라도 전장이 수시로 바뀌는 야전에서 그런 포를 끌고 다니기는 힘들었다. 발사 시의 반동력을 포가 전체가 아닌 포신의 후퇴를 통해 흡수하고 유압을 통해 원래 위치로 되돌리는 주퇴복좌기는 앞에서 언급한 모든 문제를 해결했다.

주퇴복좌기로 인해 슈나이더 75밀리미터포는 1분에 15발이라는 엄청나게 빠른 속도로 포탄을 쏠 수 있었다. 슈나이더를 가리키는 다른 이름은 바로 '속사포'였다. 1899년의 의화단운동에서 보병을 따라다니면서 포탄을 쏟아내던 프랑스군 속사포의 위력은 무시무시했다. 슈나이더는 처음 개발된 지 40여 년 후인 2차 대전에서도 사용될 정도로 기술적 완성도가 높았다. 독일군은 슈나이더의 포가만 바꾼 대전차포 Pak 97/38으로 소련군 전차 KV와 T-34를 파괴했고, 미군은 M3 리[Lee]나 M4 셔먼[Sherman] 같은 전차에 전차용으로 개조한 슈나이더를 주포로 탑재했다.

눈에 띄는 삼색의 프랑스 군복에 담긴 의미

프랑스군의 또 다른 강점은 남다른 사기와 자부심에 있었다. 프랑스 혁명 이후의 프랑스군은 동시대 어느 나라 군대도 상대할 수 없는 용기를 보여줬다. 원치 않는 전쟁에 강제로 동원된 다른 나라 병사들과 달리 프랑스 보병은 자발적으로 전투에 나섰다. 왕과 귀족계급에 의해 지배되지 않는 자신의 조국을 지키기 위해서였다. 이어 나폴레옹은 신분과 무관하게 실력에

246

따라 진급하도록 군제를 바꿨다. 나폴레옹군의 유능한 장군 다수는 예전이라면 장교가 될 수 없는 평민이었다. 이는 돈을 더 많이 내는 귀족이 지휘관으로 승진하는 영국군을 비롯한 다른 나라 군대와 좋은 대조를 이뤘다.

프랑스군의 군복은 이와 같은 프랑스 혁명의 정신에 따라 만들어졌다. 자유, 평등, 우애를 각각 상징하는 파랑, 하양, 빨강의 삼색은 프랑스 국기뿐만 아니라 군복에도 반영되었다. 그중 가장 중요한 색은 자유에 해당하는 파랑이었다. 모자의 깃털 장식이나 윗옷 목깃에 사용된 빨강이나 가죽 벨트에 사용된 하양에 비해 파랑은 전열보병의 상의와 샤쇠르^{Chasseur}, 즉 경장추격병의 상하의 모두에 사용될 정도로 중요한 색깔이었다. 프랑스군은 군복의 파랑색을 포기할 수 없는 자신들의 정체성으로 여겼다.

군대가 통일된 군복을 입는 일은 비단 프랑스군만의 전통은 아니었다. 오스트리아-헝가리군을 상징하는 군복색은 오랫동안 흰색이었다. 서구 역사에서 흰색은 순결, 교회, 권력을 상징했다. 프로이센군은 전통적으로 검정색 군복으로 유명했고, 감청색 군복도 많이 착용했다. 영국 육군은 빨강을 자신들을 상징하는 색으로 간주했다. 화려한 장식과 색깔로 꾸민 군복을 통일해 입은 군대는 전장에서 상대방을 주눅 들게 했다. 2차 대전 때 미군을 지휘한 조지 패튼^{George Smith Patton Jr.}은 "전투력은 잘 다려진 군복과 엄정한 군기에서 나온다"고 말했다.

통일된 군복에는 군대의 자부심과 동질감을 높이는 표면적인 목적 외에 다른 숨겨진 목적도 있었다. 바로 병사들의 탈주를 어렵게 하려는 목적이었다. 부대 간 전투에서 개인의 이익과 부대의 이익은 완벽히 일치하지 않았다. 경제학적 관점에서 각 개인은 도망이 합리적인 선택이었다. 부대에 오래 남아 있을수록 전투에서 죽을 가능성이 높아지기 때문이었다. 부대는 정반대였다. 도망이나 후퇴를 시도하는 병사가 많아질수록 부대가 전투에서 패할 가능성도 커졌다. 개인별 합리성의 단순합은 총체적 선

소총의 정확도 향상과 기관총의 등장은 눈에 잘 띄는 군복을 입고 선 채로 줄 맞춰 진격하는 보병 횡대를 집단적 자살행위로 만들었다. 전쟁장관 아돌프 메시미는 1차 대전 발발 2년 전인 1912년 선명한 파란색 대신에 회색이 들어간 청색으로 바꾸려고 시도했다. 프랑스군은 "군의 위신이 위기에 처했다"며 집단으로 반발했다. 메시미의 시도는 실현되지 못했다. 위 그림은 전장에서 눈에 띌 가능성을 낮추기 위해 1912년에 시험 제작된 프랑스 보병의 군복들을 에두아르 드타일(Edouard Detaille)이 그린 것이다.

을 담보하지 않았다.

도망치려는 병사를 통제하는 전통적인 방법은 배수진이었다. 도망치기 어렵게 만듦으로써 눈 앞의 적을 물리치는 게 유일하게 살 수 있는 길이라고 믿게 만드는 방법이었다. 그래서 배수진은 싸울 의사가 별로 없는 병사들을 징집했을 때 주로 사용되었다. 화려한 군복은 같은 목적을 달성하려는 다른 방식의 시도였다. 눈에 잘 띄는 군복을 입은 병사가 홀로 도망을 시도했다가는 뒤에서 지키고 있는 자국군 장교의 칼이나 총탄이 곧바로 날아들었다. 또 그걸 피한다 해도 적병의 눈에 띄어 죽임을 당하거나 포로로 잡힐 가능성도 높았다.

전장에서 독일군 기관총의 뚜렷한 표적이 된 프랑스군의 선명한 군복

소총의 정확도 향상과 기관총의 등장은 눈에 잘 띄는 군복을 입고 선 채로 줄 맞춰 진격하는 보병 횡대를 집단적 자살행위로 만들었다. 영국군은 인도 침략과 영국-보어 전쟁에서 이를 뼈저리게 느끼고는 빨강을 버리고 카키색 군복으로 갈아입었다. 흰색을 고수하던 오스트리아-헝가리군도 19세기 후반에 이미 암청색과 회색 군복으로 바꿨다. 프랑스군에서도 비슷한 인식이 없지 않았다. 전쟁장관 아돌프 메시미Adolphe Messimy는 1차 대전 발발 2년 전인 1912년 선명한 파란색 대신에 회색이 들어간 청색으로 바꾸려고 시도했다. 프랑스군은 "군의 위신이 위기에 처했다"며 집단으로 반발했다. 메시미의 시도는 실현되지 못했다.

　1914년 8월의 국경 전투에서 프랑스군의 선명한 군복은 독일군 기관총의 뚜렷한 표적이 되었다. 프랑스군의 병력 손실이 많지 않다면 이상할 노릇이었다. 8월 말까지 프랑스군은 7만 5,000명의 전사자를 비롯한 26만여 명의 사상자를 잃었다. 같은 시기 독일군의 피해는 약 20만 7,000명에 그쳤다. 실수를 뒤늦게 깨달은 프랑스군은 그해 가을 눈에 덜 띄는 색으로 결국 군복을 바꿨다.

35
죽음을 불사한 테베의 신성대는 어떤 부대였나?

그리스 패권 쟁탈한 테베

기원전 338년, 필립 2세가 지휘하는 3만 2,000명의 마케도니아군은 보이오티아의 마을 카이로네이아Chaeronea에서 비슷한 숫자의 테베-아테네 연합군과 마주했다. 테베Thebes는 그리스 동남부 아티카Attica의 북쪽에 위치한 보이오티아Boeotia의 중심 도시였다. 보이오티아의 북쪽은 테살리아Thessalia, 테살리아의 서쪽은 에피로스Epeiros였고, 테살리아의 북쪽에 마케도니아Macedonia가 자리 잡았다. 올림픽을 상징하는 올림포스Olympos산은 테살리아와 마케도니아의 접경 지대에 위치했다.

농업을 주로 한 테베는 해상무역으로 돈을 버는 아테네보다는 자신들과 비슷한 스파르타를 더 가깝게 느꼈다. 기원전 404년에 끝난 펠로폰네소스 전쟁Peloponnesian War에서 스파르타의 우방이었던 테베는 기원전 395년에 시작된 코린토스 전쟁Corinthian War에서는 스파르타에 대항해 싸우기 시작했다. 막강한 스파르타의 육군을 전투에서 이기지 못한 코린토스 연합군은 기원전 387년 스파르타와 페르시아가 조약을 맺으면서 사실상 패배했다. 테베는 기원전 378년 스파르타와 다시 전쟁에 돌입했다. 그리스 전체의 헤게모니를 가진 스파르타에 테베가 도전하는 형국이었다.

스파르타군은 테베가 상대하기 버거운 군대였다. 이전까지 중장보병인 호플리테Hoplite로 구성된 밀집방진, 즉 팔랑크스Phalanx 간의 대결에서 스파르타군을 이긴 그리스 군대는 없었다. 기원전 480년 페르시아군을 상대로 치른 테르모필레 전투Battle of Thermopylae에서 스파르타군의 강력함은 전설이 되었다. 레오니다스가 지휘하는 300명의 스파르타 호플리테는 포위되지 않는 한 정면대결에서는 무적임을 증명했다. 테르모필레 전투에서 테베군 400명은 최후까지 스파르타군과 함께 하다가 마지막에 페르시아군에게 항복했다.

스파르타-테베 전쟁 8년째인 기원전 371년, 테베군은 레욱트라Leuctra에서 스파르타군을 만났다. 기병 수에서 1,500명 대 1,000명으로 앞섰지만 호플리테는 7,000명 대 1만 명으로 확실한 수적 열세였다. 에파미논다스 Epaminondas가 지휘하는 테베군은 통상적으로 우익이 앞장서는 팔랑크스 간의 전투 양상을 이용해 자신의 좌익을 극단적으로 강화하고 먼저 전진시켜 스파르타군 정예 우익을 무릎 꿇렸다. 무패를 자랑하던 스파르타군은 심리적으로 붕괴된 나머지 등을 돌려 도망가다 학살되었다. 이 과정에서 스파르타군을 지휘하던 왕 클레옴브로토스Cleombrotus도 죽었다. 그리스 세계는 스파르타군의 패배에 깜짝 놀랐다. 레욱트라 전투 후 테베는 그리스의 지배자로 올라섰다.

엘리트 부대 창설로는 부족하다

레욱트라 전투에서 테베군 승리의 원인 중 하나로 펠로피다스Pelopidas가 이끈 테베군의 특수부대가 지목되었다. 신성한 부대로 번역되는 히에로스 로코스Hieròs Lókhos, 이른바 '신성대'는 테베군의 최정예 엘리트 부대였다. 신성대를 구성하는 300명은 한 명씩 특별하게 선발된 병사들이었다. 신분에 무관하게 오직 능력과 우수성에 의해서만 선발된 신성대원들은 레욱트라 전투 때 테베군의 좌익 최선봉에서 스파르타군을 무너뜨리는 결정적인 역할을 수행했다. 스파르타군을 꺾은 신성대의 명성은 불사신에 비견될 정도로 올라갔다.

배수진이나 화려한 군복이 병사들의 전투의지를 끌어올리려는 소극적인 방법이라면, 엘리트 부대 창설은 적극적인 방법에 속했다. "너희는 특별하다" 혹은 "너희는 남다르다"는 생각을 주입시켜 어떠한 상황에서도 물러서지 않게 만들려는 의도였다. 19세기 프랑스 군인 아르당 뒤 피크Ardant du Picq는 잘 준비된 적 방어선을 향해 공격부대가 대열을 지켜가며 질서정연하게 끝까지 진격하는 일은 신화에 가깝다고 역설했다. 실제는 다음의 둘

중 한 가지였다. 공격 병력이 끝까지 돌격해올 거라고 믿은 수비 병력이 겁에 질려 미리 도망가거나, 수비병력이 끝까지 도망가지 않을 거라고 믿은 공격 병력이 겁에 질려 미리 도망가는 경우였다. 특정 부대에게 엘리트 의식을 심어주는 일은 전투에서 효과가 없지는 않았다.

그렇다고 엘리트 부대의 창설이 만병통치약은 아니었다. 누군가를 엘리트로 치켜세우면 나머지는 저절로 비엘리트로 전락했다. 비엘리트로 간주되는 병사들이 전력을 다해 싸울 리는 없었다. 또한 군의 대다수 비엘리트 병사의 사기 감소가 소수 엘리트 병사의 사기 증가보다 오히려 더 클 수 있었다. 나아가 엘리트 부대가 적에게 패하면 '저 잘난 애들도 졌는데, 우리가 어떻게 이겨?' 하는 생각으로 싸우기도 전에 부대가 와해되기도 했다. 서열과 계급을 강조하는 방법은 전체의 관점에서는 언제나 소탐대실에 가까웠다.

'임전무퇴' 테베 신성대의 비밀

엘리트 부대의 창설보다 세련된 방법은 죽음을 무릅쓰는 용기 혹은 명예를 강조하는 방법이었다. 병사 개개인이 모두 죽음을 두려워하지 않는 군대보다 더 강한 군대는 있을 수 없었다. 이는 쉽지 않은 목표였다. 한 사례로서, 스코틀랜드 북단 오크니^{Orkney} 제도의 바이킹 족장 시구르드^{Sigurd}에게는 이것이 휘날리는 한 부대는 언제나 전진하지만 대신 이것을 들고 있는 자는 죽는다는 까마귀 그림 깃발이 있었다. 아일랜드 왕이 직접 지휘하는 군대와 맞붙은 클론타르프 전투^{Battle of Clontarf}에서 첫 번째 기수와 두 번째 기수가 연달아 죽자 아무도 세 번째 기수가 되려고 하지 않았다. 시구르드는 심지어 부하 한 명을 지목해 깃발을 들라고 명령했지만 부하는 거부했다. 어쩔 수 없이 시구르드는 직접 깃발을 들고 전투에 참가해 부대를 전진시키고는 본인도 전사했다. 더 이상 아무도 기를 들려고 하지

레욱트라 전투에서 테베군을 이끈 펠로피다스의 모습. 레욱트라 전투 승리 뒤에는 동성 연인들로 구성된 최정예 엘리트 부대 '신성대'의 역할이 컸다. 신성대를 구성하는 300명은 한 명씩 특별하게 선발된 병사들이었다. 신분에 무관하게 오직 능력과 우수성에 의해서만 선발된 신성대원들은 레욱트라 전투 때 테베군의 좌익 최선봉에서 스파르타군을 무너뜨리는 결정적인 역할을 수행했다. 스파르타군을 꺾은 신성대의 명성은 불사신에 비견될 정도로 올라갔다.

않은 바이킹 부대는 결국 전투에 지고 말았다. 용감한 바이킹조차 죽음을 무릅쓰는 군인의 수는 3명까지였다.

테베의 신성대는 죽음을 무릅쓰는 명예를 기묘한 방식으로 달성하려 한 부대였다. 이들은 사실 150쌍의 동성 연인들이었다. 보다 나이가 많은 대원인 에라스테스erastes, 즉 '사랑하는 자'가 지목한 젊은이가 에로메노스eromenos, 즉 '사랑을 받는 자'가 되어 2명이 커플로서 전투에 참가하는 구조였다. 바로 옆에서 싸우고 있는 연인을 두고 혼자 도망칠 사람은 극히 드물었다. 또 연인이 죽거나 다치면 복수심에 불타올라 악귀처럼 달려들었다. 상대방은 맹목적으로 싸우는 신성대의 모습에 공포심을 느끼곤 했다. 신성대에게 후퇴란 없었다.

그리스 세계의 헤게모니를 쥔 테베는 주변 도시국가들을 거칠게 다뤘다. 원래 아테네 영향권에 속했던 플라타이아이Plataeae를 점령한 후 되돌려 달라는 아테네의 요구를 묵살했고, 스파르타의 본거지인 펠로폰네소스 반도를 침공했으며, 북쪽의 테살리아와 마케도니아를 공격해 인질을 잡았다. 마케도니아 왕인 아민타스 3세Amyntas III의 막내 아들 필립 2세Philip II는 15세부터 19세까지 인질로서 테베에서 살았다. 이 기간 동안 필립 2세는 테베군의 여러 전술을 몸소 보고 익혔다. 필립 2세는 펠로피다스의 에로메노스였다.

호랑이 새끼를 키운 신성대

테베가 폭주하자 나머지 그리스 도시국가들은 연합해 테베를 견제하기 시작했다. 결코 한편이 될 것 같지 않던 스파르타와 아테네가 손을 잡기까지 했다. 필립 2세가 인질생활에서 풀려난 지 1년 후인 기원전 364년 키노스세팔라이 전투Battle of Cynoscephalae에서 신성대는 테살리아군을 이겼지만 펠로피다스는 전사했다. 에라스테스를 잃은 필립 2세는 마케도니아로 돌아가 5년 후 마케도니아 왕이 되었다. 기원전 362년 테베군은 만티네아 전투Battle of Mantinea에서 스파르타-아테네 연합군을 이겼지만 에파미논다스가 죽었다. 테베의 헤게모니는 위축되었고, 손실이 컸던 스파르타와 아테네도 예전 같지는 않았다.

그로부터 24년 후에 벌어진 카이로네이아 전투 때 필립 2세의 나이는 45세였다. 필립 2세는 그 기간 동안 펠로피다스에게 배운 테베군과 신성대의 전술을 더욱 발전시켰다. 호플리테가 사용하는 장창의 길이를 두 배 이상으로 늘렸고, 팔랑크스의 규모도 네 배로 키웠다. 자신들의 장점을 고스란히 흡수해 진화한 마케도니아군은 신성대가 감당하기에는 버거운 상대였다. 필립 2세의 아들이 지휘하는 별동대가 신성대의 방진을 무너뜨리면서 테베-아테네 연합군은 완패했다. 후퇴를 모르는 신성대는 전멸당했다.

필립 2세의 승리에는 어두운 면과 밝은 면이 뒤따랐다. 어두운 면으로 카이로네이아 전투 2년 후인 기원전 336년 페르시아 침공을 준비하던 필립 2세가 딸의 결혼식에서 경호원에게 암살되었다. 필립 2세의 에로메노스였던 경호원이 버림받자 질투심에 눈이 멀어 필립 2세를 죽이고 말았던 것이다. 밝은 면으로는 신성대를 허문 아들이 아버지의 뜻을 이어 역사에 이름을 남겼다. 그 아들의 이름은 알렉산드로스였다.

| 참고 문헌 |

고바야시 모토후미, 진정숙 옮김, 『흑기사 이야기』, 길찾기, 2012.

고정우, 『수직이착륙기』, 지성사, 2013.

국방기술품질원, 『미리 보는 미래무기 3』, 2012.

군사학연구회, 『군사학개론』, 플래닛미디어, 2014.

권오상, 『전투의 경제학』, 플래닛미디어, 2015.

_____, 『이기는 선택』, 카시오페아, 2016.

_____, 『전쟁의 경제학』, 플래닛미디어, 2017.

_____, 『무기의 경제학』, 플래닛미디어, 2018.

기구치 요시오, 김숙이 옮김, 『용병 2000년의 역사』, 사과나무, 2011.

김도균, 『전쟁의 재발견』, 추수밭, 2009.

김종대, 『서해전쟁』, 메디치, 2013.

김종대 외, 『유로파이터 타이푼』, 디펜스21, 2013.

김종하, 『국방획득과 방위산업』, 북코리아, 2015.

_____, 『무기획득 의사결정』, 책이된나무, 2000.

김종화, 『스탈린그라드 전투』, 세주, 1995.

김진영, 『제2차 세계대전의 에이스들』, 가람기획, 2005.

김충영 외, 『군사 OR 이론과 응용』, 두남, 2004.

나카자토 유키, 이규원 옮김, 『전쟁 천재들의 전술』, 들녘, 2004.

노나카 이쿠지로 외, 박철현 옮김, 『왜 일본 제국은 실패하였는가?』, 주영사, 2009.

노병천, 『도해 세계전사』, 한원, 1990.

니콜라스 세쿤다, 정은비 옮김, 『마라톤 BC 490』, 플래닛미디어, 2007.

도현신, 『원균과 이순신』, 비봉출판사, 2008.

도현신, 『임진왜란 잘못 알려진 상식 깨부수기』, 역사넷, 2008.

레이첼 매도, 박중서 옮김, 『전쟁 국가의 탄생』, 갈라파고스, 2019.

로버트 영 펠튼, 윤길순 옮김, 『용병』, 교양인, 2009.

로스뚜노프 외, 김종헌 옮김, 『러일전쟁사』, 건국대학교출판부, 2004.

리델 하트, 강창구 옮김, 『전략론』, 병학사, 1988.

리델 하트, 황규만 옮김, 『롬멜 전사록』, 일조각, 1982.

리링, 김숭호 옮김, 『전쟁은 속임수다』, 글항아리, 2012.

리처드 오버리, 류한수 옮김, 『스탈린과 히틀러의 전쟁』, 지식의 풍경, 2003.

릭 바이어, 엘리자베스 세일스, 노시내 옮김, 『고스트 아미』, 마티, 2016.

마이클 돕스, 박수민 옮김, 『0시 1분 전』, 모던타임스, 2015.

마크 마제티, 이승환 옮김, 『CIA의 비밀전쟁』, 삼인, 2017.

마틴 반 크레벨트, 이동욱 옮김, 『과학기술과 전쟁』, 황금알, 2006.

모리 모토사다, 정은택 옮김, 『도해 현대 지상전』, 에이케이커뮤니케이션즈, 2015.

문근식, 『잠수함 세계』, 플래닛미디어, 2013.

박재석, 남창훈, 『연합함대』, 가람기획, 2005.

배리 파커, 김은영 옮김, 『전쟁의 물리학』, 북로드, 2015.

배효길 외, 『실전 비행하중 해석 실무』, 청문각, 2007.

부스지마 도야, 이재영, 김주희 옮김, 『전차 51선』, 북스힐, 2015.

사이먼 던스트, 박근형 옮김, 『욤키푸르 1973(2)』, 플래닛미디어, 2007.

스메들리 버틀러, 권민 옮김, 『전쟁은 사기다』, 공존, 2013.

스티븐 하트 외, 김홍래 옮김, 『아틀라스 전차전』, 플래닛미디어, 2013.

아더 훼릴, 이춘근 옮김, 『전쟁의 기원』, 인간사랑, 1990.

아브라함 아단, 김덕현 외 옮김, 『수에즈전쟁』, 한원, 1993.

안승범·양욱, 『F-15K 슬램 이글』, 플래닛미디어, 2007.

알렉스 아벨라, 유강은 옮김, 『두뇌를 팝니다』, 난장, 2010.

앤드루 새먼, 이동훈 옮김, 『그을린 대지와 검은 눈』, 책미래, 2015.

양욱, 『하늘의 지배자 스텔스』, 플래닛미디어, 2007.

에드완 베르고, 김병일·이해문 옮김, 『6·25 전란의 프랑스 대대』, 동아일보사, 1983

에바타 켄스케, 강한구 옮김, 『전쟁과 로지스틱스』, 한국국방연구원, 2011.

에이치 구데리안, 김정오 옮김, 『기계화부대장』, 한원, 1990.

오토 카리우스, 이동훈 옮김, 『진흙속의 호랑이』, 길찾기, 2012.

우에다 신, 강천신 옮김, 『전차 메커니즘 도감』, 밀리터리프레임, 2011.

워드 윌슨, 임윤갑 옮김, 『핵무기에 관한 다섯 가지 신화』, 플래닛미디어, 2014.

유르겐 브라우어·후버트 판 투일, 채인택 옮김, 『성, 전쟁, 그리고 핵폭탄』, 황소자리, 2013.

유제현, 『월남전쟁』, 한원, 1992.

이 비 포터, 김주식 옮김, 『니미츠』, 신서원, 1997.

이대진, 『문답으로 이해하는 전차이야기』, 연경문화사, 2003.

이상길 외, 『무기공학』, 청문각, 2012.

이상돈·김철환, 『군수론』, 청미디어, 2012.

이상훈, 『전략전술의 한국사』, 푸른역사, 2014.

이에인 딕키 외, 한창호 옮김, 『해전의 모든 것』, Human & Books, 2010.

이영직, 『란체스터의 법칙』, 청년정신, 2002.

이월형 외, 『국방경제학의 이해』, 황금소나무, 2014.

이재범, 『원균을 위한 변명』, 학민사, 1996.

이종호, 『모델링 및 시뮬레이션 이론과 실제』, 21세기군사연구소, 2008.

이진규, 『국방선진화 리포트』, 랜드앤마린, 2010.

이치카와 사다하루, 이규원 옮김, 『환상의 전사들』, 들녘, 2001.

이케가미 료타, 이재경 옮김, 『도해 전국무장』, 에이케이커뮤니케이션즈, 2011.

이희진, 『전쟁의 발견』, 동아시아, 2004.

임영훈, 『외인부대』, 우리문학사, 1994.

임용한, 『전쟁과 역사 2: 거란 여진과의 전쟁』, 혜안 2004.

_____, 『전쟁과 역사 3: 고려후기편 전란의 시대』, 혜안 2008.

_____, 『전쟁과 역사: 삼국편』, 혜안 2001.

임홍빈·유재성·서인한, 『조선의 대외 정벌』, 알마, 2015.

전영훈, 『T-50 끝없는 도전』, 행복한 마음, 2011.

정토웅, 『20세기 결전 30장면』, 가람기획, 1997.

_____, 『전쟁사 101장면』, 가람기획, 1997.

조 지무쇼, 안정미 옮김, 『지도로 읽는다 한눈에 꿰뚫는 전쟁사도감』, 이다미디어, 2017.

존 키건, 류한수 옮김, 『2차세계대전사』, 청어람미디어, 2016.

_____, 유병진 옮김, 『세계전쟁사』, 까치, 1996.

_____, 정지인 옮김, 『승자의 리더십 패자의 리더십』, 평림, 2002.

지중렬, 『포병전사 연구』, 21세기군사연구소, 2012.

천윤환 외, 『게임이론과 워게임』, 북스힐, 2013.

최건묵, 『헬리콥터의 어제와 오늘』, 어드북스, 2011.

칼 되니츠, 안병구 옮김, 『10년 20일』, 삼신각, 1995.

크리스터 외르겐젠 외, 최파일 옮김, 『근대전쟁의 탄생』, 미지북스, 2011.

크리스토퍼 아일스비, 이동훈 옮김, 『히틀러의 하늘의 전사들』, 플래닛미디어, 2017.

토머스 크로웰, 이경아 옮김, 『워 사이언티스트』, 플래닛미디어, 2011.

폰 멜렌틴, 민평식 옮김, 『기갑전투』, 병학사, 1986.

피터 싱어, 권영근 옮김, 『하이테크 전쟁』, 지안, 2011.

필립 호프먼, 이재만 옮김, 『정복의 조건』, 책과함께, 2016.

허장욱, 정상훈, 『전차 장갑차의 구조와 원리』, 양서각, 2013.

홍희범, 『밀리터리 실패열전』, 호비스트, 2009.

황재연, 『미국의 아프가니스탄과 이라크 전쟁사』, 군사연구, 2017.

황재연 · 정경찬, 『퓨처 웨폰』, 군사연구, 2008.

후지무라 미치오, 허남린 옮김, 『청일전쟁』, 소화, 1997.

Amadae, S. M., *Prisoners of Reason: Game Theory and Neoliberal Political Economy*, Cambridge University Press, 2016.

Biddle, Stephen, *Military Power*, Princeton University Press, 2004.

Blainey, Geoffrey, *The Causes of War*, 3rd edition, Free Press, 1988.

Brams, Steven and D. Marc Kilgour, *Game Theory and National Security*, Blackwell Publishing, 1988.

Braun Stephen and Douglas Farah, *Merchant of Death: Money, Guns, Planes, and the Man who Makes War Possible*, Wiley, 2008.

Buderi, Robert, *Naval Innovation for the 21st Century*, Naval Institute Press, 2013.

Cockburn, Andrew, *Kill Chain: The Rise of the High-Tech Assassins*, Henry Holt and Co., 2015.

Feinstein, Andrew, *The Shadow World: Inside the Global Arms Trade*, Picador, 2012.

Friedman, Jeffrey A., *War and Chance: Assesing Uncertainty in International Politics*, Oxford University Press, 2019.

Goldfrank, David M., *The Crimean War*, Longman, 1994.

Hartley III, Dean S., *Topics in Operations Research: Predicting Combat Effects*, INFORMS, 2001.

Hitch, Charles J. and Roland N. McKean, *The Economics of Defense in the Nuclear Age*, Harvard University Press, 1960.

Johnson, Clarence L. Kelly, Maggie Smith, *Kelly: More than my share of it all*, Smithsonian Books, 1989.

Johnson, Rob, *The Iran-Iraq War*, Palgrave Macmillan, 2010.

Jordan David et al., *Understanding Modern Warfare*, Cambridge University Press, 2008.

Keegan, John, *The Price of Admiralty*, Penguin Books, 1990.

Korner, T. W., *The Pleasures of Counting*, Cambridge University Press, 1996.

Magruder, Carter B., *Recurring Logistic Problems as I Have Observed Them*, University of Michigan Library, 1991.

McFate, Sean, *The New Rules of War: Victory in the Age of Durable Disorder*, William Morrow, 2019.

Melese, Francois et al., *Military Cost-Benefit Analysis*, Routledge, 2015.

Melman, Seymour, *Pentagon Capitalism: The Political Economy of War*, McGraw-Hill, 1970.

Milward, Alan S., *War, Economy and Society 1939-1945*, University of California Press, 1977.

Morse, Philip M. and George E. Kimball, *Methods of Operations Research*, Dover, 2003.

Ogorkiewicz, Richard, *Tanks: 100 Years of Evolution*, General Military, 2015.

O'Hanlon, Michael E., *The Science of War*, Princeton University Press, 2009.

Pagonis, William G., *Moving Mountains*, Harvard Business Review Press, 1992.

Perla, Peter P., *The Art of Wargaming*, Naval Institute Press, 1990.

Poast, Paul, *The Economics of War*, McGraw Hill, 2006.

Privratsky, Kenneth L., *Logistics in the Falklands War*, Pen and Sword, 2016.

Rich, Ben R. and Leo Janos, *Skunk Works: A Personal Memoir of My Years at Lockheed*, Back Bay Books, 1996.

Scharre, Paul, *Army of None*, W. W. Norton & Company, 2018.

Schneider, Wolfgang, *Panzer Tactics*, Stackpole Books, 2005.

Singer, P. W. and Allan Friedman, *Cybersecurity and Cyberwar*, Oxford University Press, 2014.

Smith, Ron, *Military Economics*, Palgrave Macmillan, 2011.

Spaniel, William, *Game Theory 101: The Rationality of War*, CreateSpace Independent Publishing Platform, 2014.

Taylor, A. J. P., *Origins of the Second World War*, Penguin UK, 2001.

Van Creveld, Martin, *Supplying War*, 2nd edition, Cambridge University Press, 2004.

Washburn, Alan and Moshe Kress, *Combat Modeling*, Springer, 2009.

Wilbeck, Christopher W., *Sledgehammers*, The Aberjona Press, 2004.

Zenko, Micah, *Red Team: How to Succeed by Thinking Like the Enemy*, Basic Books, 2015.

한국국방안보포럼(KODEF)은 21세기 국방정론을 발전시키고 국가안보에 대한 미래 전략적 대안을 제시하기 위해 뜻있는 군·정치·언론·법조·경제·문화 마니아 집단이 만든 사단법인입니다. 온·오프라인을 통해 국방정책을 논의하고, 국방정책에 관한 조사·연구·자문·지원 활동을 하고 있으며, 국방 관련 단체 및 기관과 공조하여 국방 교육 자료를 개발하고 안보의식을 고양하는 사업을 하고 있습니다. http://www.kodef.net

KODEF
안보총서
104

권오상의
워코노미
WARCONOMY

초판 1쇄 인쇄 2020년 5월 6일
초판 1쇄 발행 2020년 5월 11일

지은이 권오상
펴낸이 김세영

펴낸곳 도서출판 플래닛미디어
주소 04029 서울시 마포구 잔다리로71 아내뜨빌딩 502호
전화 02-3143-3366
팩스 02-3143-3360
블로그 http://blog.naver.com/planetmedia7
이메일 webmaster@planetmedia.co.kr
출판등록 2005년 9월 12일 제313-2005-000197호

ⓒ 권오상, 2020

ISBN 979-11-87822-40-0 03390